野生动物栖息地修复和极小种群恢复：

上海的探索与实践

薛　程　张秩通　袁　晓
田　波　谢一民　　　　著

上海科学技术出版社

图书在版编目（CIP）数据

野生动物栖息地修复和极小种群恢复：上海的探索
与实践 / 薛程等著. -- 上海：上海科学技术出版社，
2022.1
ISBN 978-7-5478-5607-9

Ⅰ．①野… Ⅱ．①薛… Ⅲ．①野生动物－栖息地－研
究－上海 Ⅳ．①S863

中国版本图书馆CIP数据核字（2021）第266342号

内 容 提 要

本书系统总结了特大城市上海市实施野生动物栖息地修复和极小种群恢复的
经验。在引入"栖息地修复"等概念、上海市野生动物栖息地总体情况基础上，全过
程阐明林业主管部门组织开展的修复实践，既有酝酿准备、政策出台和配套管理办
法的制定，又具体介绍12个野生动物重要栖息地修复和珍稀濒危物种（狗獾、獐和
扬子鳄）极小种群恢复与野放项目，涉及项目基本背景、问题分析与对策思路、项目
目标、工程主要做法、野外放归和主要成效。基于在探索中遇到的风险和教训，提
出对未来同类修复和恢复项目的管理建议和思考。本书可为城市和区域生态修
复，以及濒危物种重引入和种群复壮提供参考，对城市化进程中的自然规划和保护
管理有重要借鉴意义。本书适用于从事城市规划、动植物保护与生态修复的管理
者、研究者和大学师生，以及关注自然环境教育的其他读者。

野生动物栖息地修复和极小种群恢复：上海的探索与实践

薛　程　张秩通　袁　晓　田　波　谢一民　著

上海世纪出版（集团）有限公司 出版、发行
上海科学技术出版社
（上海市闵行区号景路159弄A座9F-10F）
邮政编码 201101　　www.sstp.cn
浙江新华印刷技术有限公司印刷
开本 787×1092　1/16　印张 7　插页 6
字数 170千字
2022年1月第1版　2022年1月第1次印刷
ISBN 978-7-5478-5607-9/Q·70
定价：68.00元

前　　言

　　说起上海，人们印象中大多是一个标准的国际大都市——高耸入云的摩天大楼，川流不息的车水马龙，摩肩接踵的拥挤人群，风光旖旎的浦江风情。对于谈论这样一个人口稠密、高度城市化的特大城市和国际大都市里的野生动物，谈论这里的野生动物栖息地，可能大多数人第一反应往往是："上海还有野生动物？"这确实是一个既有趣又现实的问题。在这样寸土寸金且拥有近 2 500 万常住人口的国际大都市中，难道还有野生动物的容身之所？他们不知道的事实是，上海适合野生动物栖息的地方还真不少，而且上海的生物多样性非常丰富。每年仅南来北往途经"上海滩"的候鸟就数以百万计；截至 2020 年年底，上海已记录到野生鸟类多达 504 种。许多野生鸟类是上海的"动物明星"，其中黑脸琵鹭、白头鹤等国家重点保护鸟类在全世界都鼎鼎有名。上海还有许多其他野生脊椎动物，涵盖兽类、爬行类、两栖类和鱼类，例如狗獾、貉、黄鼬、长江江豚、虎纹蛙、松江鲈、胭脂鱼。这不仅得益于上海靠近长江入海口，有着临江滨海的优越地理位置，自然条件得天独厚，而且更得益于多年来上海坚持不懈的环境保护和生态文明建设。

　　上海作为我国经济中心，党中央要求上海当好全国改革开放排头兵和科学发展先行者。目前，上海正在按照党中央要求，努力走出一条创新驱动、转型发展新路，并为加快推进"四个率先"（率先转变经济发展方式、率先提高自主创新能力、率先推进改革开放和率先构建社会主义和谐社会）、建设"五个中心"（国际经济中心、金融中心、贸易中心、航运中心和科技创新中心）和卓越全球城市而努力。在这个过程中，生态文明建设显得尤为重要，因为它既是"五个中心"建设的物质基础，又是提升城市综合竞争力和实施战略转型的重要标志。

　　上海的生态环境质量将直接关系到上海城市居住和投资环境，最终影响到上海城市功能的发挥。保护好野生动植物资源是上海市生态文明建设的重要内容，不但对于维护生态平衡、确保城市生态安全、改善环境状况，以及实现人与自然和谐共生具有十分重要的意义，还事关上海经济社会可持续发展、"五个中心"建设和卓越全球城市的未来。到目前，上海正在逐步完善本市以自然保护区、湿地公园、森林公园、野生动物禁猎区等形式为主体的保护地体系。

　　"皮之不存，毛将焉附。"野生动物与其栖息地是一对"皮与毛"的关系。如果把野生动物比喻为"毛"，则栖息地就相当于"皮"，因而保护野生动物最关键的策略与措施就是保护好其栖息地。长期以来，有关方面在进行野生动物保护时，更多关注物种保护本身，对它们栖息地保护关注还不够高,对受损栖息地的修复关注更少。进入 21 世纪后,上海在全力做好野生动物资源日常管理的基础上,先后在南汇东滩、青浦大莲湖、崇明东滩、浦东华夏公园、奉贤申亚等区域开展了野生动物栖息地修复及极小种群物种重引入试验,积累了一定经验,取得了一些成效。

2010 年以来,《上海市基本生态网络规划》《上海市主体功能区规划》《上海市国民经济和社会发展第十三个五年规划》等重要规划先后经市政府批准实施,对上海的生态建设提出了明确要求。2013 年以来,在上海市财政局、上海市发展和改革委员会等部门的支持下,上海市、区(县)两级林业部门尝试在全市推进野生动物栖息地修复和极小种群物种复壮工作,第一轮项目已全部结束。

2017 年 12 月 15 日,《上海市城市总体规划(2017—2035 年)》(简称"上海 2035")获得国务院批复原则同意。展望 2035 年,上海将"基本建成卓越的全球城市,令人向往的创新之城、人文之城、生态之城,具有世界影响力的社会主义现代化国际大都市"。正如上海市委书记李强同志于 2018 年 2 月在崇明调研世界级生态岛建设进展时所讲的"衡量生态环境好不好,就是要看鸟的翅膀往哪里飞、鱼的尾巴往哪儿游"那样[1],对环境变化敏感的野生动物是上海这座生态之城是否美丽的"风向标",而对它们及其栖息地的管理已经成为上海市生态文明建设的重要内容。我们相信,通过全市人民的努力,未来的上海会变得天越来越蓝、地越来越绿、水越来越清。

我们也要清醒地认识到,伴随上海的不断发展,近年来市区周边适合野生动物生存的栖息地日益减少。特别是传统的农田和沿海滩涂湿地占用和围垦,直接导致了这些区域野生动物种类和数量下降,栖息地片段化、破碎化、孤岛化趋势较为明显。与此同时,随着上海市生态建设的推进,人工绿地和林地面积正在快速增长。人工绿地和林地虽然普遍存在植物种类不够丰富、群落结构单一、受人为干扰程度大、动物多样性较低等问题,但确实为部分野生动物提供了新的栖息地。如何科学、有效地保护野生动物和修复它们的栖息地,优化本市野生动物栖息地的空间布局,以便在保护本市生物多样性的同时,为广大市民提供更多优质的生态产品,是摆在上海市野生动物管理者面前的重大问题。

本书主要介绍 4 个方面的内容:一是野生动物栖息地基础概念和生态修复知识;二是上海此前野生动物栖息地本底情况,以及曾经面临的主要问题;三是重点对近年来上海市 12 项野生动物栖息地修复和极小种群恢复与野放工程(统称生态修复工程)进行系统总结,涉及从相关政策酝酿,到政策出台及配套管理办法制定,再到工程实施,最后到工程后续维护的全过程;四是对相关生态修复经验与教训的思考。

除"前言"外,全书共分 5 章。其中,"前言"和第 1—3 章由张秩通撰写;第 4 章由谢一

① 谈燕."生态好不好,要看鸟往哪飞鱼往哪游"——李强:坚定不移落实总书记"共抓大保护不搞大开发"指示精神,把生态立岛理念贯穿发展全过程.解放日报,2018-02-23(1).

民根据各项生态修复工程的竣工验收材料和野生动物管理机构平时积累的资料起草并定稿,张秩通、薛程、袁晓参与修改;第5章由薛程和袁晓撰写。书中的工程示意图主要由田波绘制,赵欣怡、李嘉皓等人参与部分工作;照片分别来自各项目参与单位总结报告和志愿者。全书由薛程统稿。

　　12项生态修复工程能取得如今的成效,得益于长期以来相关领导、单位和专家的关心与支持,在此一并致谢。首先,感谢上海市林业局(上海市绿化和市容管理局)陆月星、邓建平、蔡友铭、顾晓君、汤臣栋、夏颖彪等局领导的支持和关心。其次,感谢上海市发展和改革委员会地区发展处、上海市财政局经济建设处、上海市绿化市容局相关处室(规划发展处、财务管理处、林业处)、原上海市野生动植物保护管理站、上海市绿化和市容(林业)工程管理站、原上海市水务局滩涂海塘处等部门的大力支持。再次,感谢承担相关工程的各区林业主管部门、野生动物管理机构和相关单位的同仁,以及市绿化市容局保护处原处长孙余杰处长、原上海市野生动植物保护管理站裴恩乐站长等。最后,感谢来自复旦大学、华东师范大学、同济大学、上海师范大学、上海科技馆、上海动物园、上海市园林设计院等单位专家的技术支撑。正是有了大家的努力和坚守,才有12项修复工程的落地生根和开花结果。

　　需要说明的是,根据上海市有关野生动物栖息地管理与修复的政策文件,本书书名中最严谨、准确的描述应该是"野生动物重要栖息地建设管理和极小种群物种恢复与野放",但为了表达的简便、直观,将其简称为"野生动物栖息地修复和极小种群恢复"。同理,第3—5章的章名和部分节名,也相应进行了简化。

　　希望本书能为今后一段时期上海市的野生动物保护提供案例,并为其他城市化地区的栖息地管理提供有益借鉴。由于各种客观原因,并限于著者水平,书中内容尚存不足之处,欢迎读者指正,以便再版时补充和完善。

著　者

2021年1月

目　　录

彩色图版

第1章 野生动物及其栖息地

1.1 野生动物

理论上,野生动物一般指那些天然生存在自然环境、处于自由活动状态的动物,或来源于自然环境,虽经多代人工繁育但尚未产生明显遗传变异的动物。通俗地讲,野生动物包括除家畜(猪、马、羊、牛等)、家养宠物(狗、猫、金鱼等)、家禽(鸡、鸭、鹅等)以外的所有动物。

一般认为,自然界生存着几百万种野生动物,其中无脊椎动物(特别是昆虫)占绝大多数;脊椎动物大约 43 000 种,包括兽类约 4 500 种、鸟类约 9 000 种、爬行类约 5 900 种、两栖类约 4 000 种、鱼类约 19 600 种。我国是世界上生物多样性最为丰富的国家之一,据估计约有脊椎动物 6 347 种,占世界脊椎动物种数的 14% 以上,其中兽类约 500 种、鸟类约 1 244 种、爬行类约 387 种、两栖类约 294 种、鱼类约 3 922 种。

我国早在 1988 年就颁布了《中华人民共和国野生动物保护法》(简称《野生动物保护法》),目前执行的《野生动物保护法》由第十三届全国人民代表大会常务委员会第二十一次会议于 2016 年 7 月 2 日修订通过、自 2017 年 1 月 1 日起施行,并根据 2018 年 10 月 26 日第十三届全国人民代表大会常务委员会第六次会议《关于修改〈中华人民共和国野生动物保护法〉等十五部法律的决定》第三次修正。《野生动物保护法》对"保护的野生动物"的范围有明确规定,即"指珍贵、濒危的陆生、水生野生动物和有重要生态、科学、社会价值的陆生野生动物",同时规定"国家对野生动物实行分类分级保护"。其中,珍贵、濒危的野生动物的类别包括国家重点保护野生动物、地方重点保护野生动物,以及我国缔结或者参加的国际公约禁止或者限制贸易的野生动物。国家重点保护野生动物分为两个级别——国家一级保护野生动物和国家二级保护野生动物。地方重点保护野生动物是指国家重点保护野生动物以外,由省、自治区、直辖市重点保护的野生动物。上海市于 2012 年 3 月 22 日公布的地方重点保护野生动物有 46 种,覆盖了大多数在上海分布的蛙类、蛇类①。有重要生态、科学、社会价值的陆生野生动物又称"三有"动物,原国家林业局(现国家林业和草原局,下同)于 2000 年 8 月颁布的"三有"动物名录包括兽类 88 种、鸟类 707 种、爬行类 395 种、两栖类 291 种(脊椎动物合计 1 481 种),还包括昆虫纲中 120 个属的所有种和其他无脊椎动物 110 种。为了方便管理,《野生动物保护法》将野生动物划分

---

① 其中部分种类(如豹猫、震旦鸦雀)于 2021 年 2 月后提升为国家重点保护野生动物。

为陆生和水生野生动物，国务院林业、渔业行政主管部门分别主管全国陆生、水生野生动物管理工作。

需要特别说明的是，本书中的"野生动物"主要指陆生野生动物。

1.2　野生动物栖息地

从广义上讲，野生动物栖息地是指野生动物个体、种群或群落分布、活动和迁徙的区域。在学术研究领域，野生动物栖息地又称野生动物生境，多数学者认为它是为特定种类（或群落）的野生动物提供生活所需的空间。也有部分学者认为，野生动物栖息地是指野生动物生活的空间范围及其全部生态因子的总和，包括野生动物个体或种群生存所需的非生物环境条件和其他生物。全国科学技术名词审定委员会审定公布的规范名词"野生动物栖息地"的定义是（来源于 2008 年的《资源科学技术名词》）：一种或多种野生的水生动物、陆生动物（例如鸟类、蝶类）"常年或季节性的栖息地，包括野生动物高密度栖息区（野生动物数量众多或种群繁多）和具有很高科研价值的珍稀动物栖息地"。综上所述，栖息地就是野生动物赖以生存的场所，是维持是其正常生命活动（生存和繁衍）所依赖的各种环境资源的总和。简言之，栖息地就是野生动物的"家"。

对野生动物而言，栖息地应具备如下满足其生存和繁衍的基本条件：充足的食物和水源；适宜的繁殖地点；能躲避天敌或不良天气的隐蔽处。保护好栖息地，不仅有利于野生动物的生存和繁育，还能使其中的其他自然资源得到保护和发展，并维护区域的生态平衡，从而发挥其不可替代的生态效益。

野生动植物及其栖息地是生态系统中不可替代的重要组成部分，对于保护生物多样性、维持生态平衡、促进可持续发展，以及预防和控制疫病转播、保障人民身心健康都具有重要意义。

目前，我国野生动物栖息地的主要类型包括森林、海洋、湿地（农田除外，下同）、荒漠、草原、农田、城市等。像上海这样高度城市化的地区，许多野生动物生活在城区和郊区中，它们的栖息地具有城市的特殊性。这些野生动物与城市中的人们相互影响，也相互适应。人们在城市化的过程中破坏了原始的自然环境，同时又创造出新的环境。这个"破坏老环境，建立新环境"的过程导致部分当地原有动物种类的消失，但也为部分适应能力强的动物种类提供了新的栖息地，特别是绿地、林地、湿地已经成为城市中野生动物栖息地的主体。当前城市野生动物栖息地面临最大的威胁是人们生产生活空间的扩张和人口的快速增长，其结果往往是牺牲城市生态空间。因此，有学者提出建设"生态型城市"的理念，这种城市模式不仅要求社会高效运行和经济高度发展，还要求城市环境对人和野生动物都宜居，真正体现"人、自然、城市"的和谐发展。

综合相关学科概念，以及《野生动物保护法》和上海市相关实施办法的表述，下文中"栖息地"一般指野生动物主要生息、繁衍的区域或环境。

1.3 我国野生动物栖息地的保护管理

保护生物学的实践表明,保护野生动物的关键之一在于保护它们赖以生存的栖息地,而栖息地保护的关键则在于对它的科学管理。自然保护区是目前世界上保护野生动物最有效的方式。虽然各国对自然保护区的具体表述和名称不同,但是划定一定区域为野生动物提供一个栖息、觅食的环境是全世界通行的野生动物栖息地保护模式,比如美国的国家公园和日本的自然环境保全区。目前,我国已经建立起了一个以自然保护区为核心,以野生动物禁猎区、野生动物重要栖息地、野生动物迁徙通道、保护小区、湿地公园等为补充的栖息地保护体系。据统计,自1956年国家批准中国科学院在广东肇庆建立我国第一个自然保护区——鼎湖山自然保护区起,截止到2016年年底,我国(不含香港特别行政区、澳门特别行政区和台湾地区,下同)共建立各种类型、不同级别的自然保护区2740个,其中国家级428个,地方级2312个(省级879个,地市级410个,县级1023个);自然保护区总面积达147万平方千米,约占全国陆地面积的14.84%;全国超过90%的陆地自然生态系统类型都有代表性的自然保护区,当时89%的国家重点保护野生动植物种类以及大多数重要自然遗迹在自然保护区内得到保护,部分珍稀濒危物种的野生种群逐步恢复。党的十九大报告提出,要"建立以国家公园为主体的自然保护地体系",相信在今后一段时期,随着我国生态文明建设的制度和政策体系不断完善和深入,国家公园体系必将成为我国野生动物栖息地保护的主体形式,我国野生动物资源及其栖息地将受到更加严格的管理和科学的保护。

近年来,伴随我国社会经济的不断发展,部分地区特别是经济发达地区野生动物栖息地受到较多人类活动干扰。以上海为例,城市化的不断推进导致传统的农田、林地和湿地被占用和围垦,城市周边适合的栖息地日益减少,而且片段化、破碎化、孤岛化趋势明显。2018年修订的《野生动物保护法》第十二条明确提出,要"保护野生动物及其重要栖息地,保护、恢复和改善野生动物生存环境",对栖息地的管理工作提出了要求。然而,如何根据野生动物的习性和对生存环境的要求,通过一定的人工措施恢复和改善它们的栖息地,切实保护好城市中的野生动物,是主管部门的一项重要任务。

国内外围绕野生动物栖息地开展的工作主要集中在如下三个方面。一是研究栖息地破碎化对野生动物的影响。例如,邓文洪(2009)就栖息地破碎化与鸟类生存的关系进行了深入的研究,建议对面积较大和较小的斑块,管理重点应该有所不同,并且提出用系统的观点研究破碎化问题。国外对生境破碎化的研究也比较多,例如Wiens等(1994)介绍了斑点鸮的保护案例,并对这一物种的栖息地进行了量化研究。二是对某些动物的栖息地关键因子或质量进行研究。张恩迪等(2006)通过对江苏盐城獐和麋鹿栖息地质量的研究,建议当地减少对滨海湿地的开发和经济活动,保护重要物种的适宜栖息地。杨维康等(2000)的研究发现,鸟类对栖息地的要求以植被类型为主。胡忠军等(2005)认为,道路人为分割了野生动物栖息地,容易造成濒危物种的灭绝。在国外,Kasahara等

(2010)分析了在日本越冬的 13 种水鸟的栖息地，发现水鸟栖息地的关键坏境因子包括水质、食物等。三是尝试对遭受严重破坏的栖息地进行生态修复。不同学科从不同角度理解"生态修复"的概念，其中生态学上的定义为"以生物修复为基础，强调生态学原理在污染土壤和地下水以及地表水修复中的应用，是物理-生物修复、化学-生物修复、微生物-植物修复等各种修复技术的综合"；林学上的定义为"恢复被损害生态系统历史上曾有的物理、化学和生物学特征，重建该系统被干扰前的结构与功能的过程"（全国科学技术名词审定委员会，2020）。位于"一江两海"（长江、东海和黄海）交汇处的上海崇明东滩鸟类国家级自然保护区（根据具体情形的需要，下文有时简称为"崇明东滩鸟类保护区"），以前每年都有数以百万只次的水鸟到这里中转或度夏、越冬，但在 21 世纪初期因互花米草入侵导致栖息地的环境恶化，水鸟数量急剧减少，后来有关部门成功地进行了生态修复，随后水鸟的种类和个体总数都大幅回升。位于新疆准噶尔盆地中央的古尔班通古特沙漠有些区域曾因采矿、工程建设导致生物多样性下降，有关部门对采矿废弃地进行生态修复，为当地原有的珍稀濒危野生动物恢复了良好的栖息地（徐海量等，2020）。

长期以来，关于栖息地保护的研究大多聚焦在上述自然栖息地领域。然而，截至2010 年，我国城市化水平已经突破 50%，首次出现城市人口数量超过农村人口的情况（邱晨辉，2012）。怎样做好城市化区域野生动物栖息地的保护，已经成为主管部门的重要课题。

国内对城市中野生动物栖息地的研究的一个主要方向是如何在城市规划和建设过程中兼顾栖息地功能。达良俊等（2004）提出，在上海城市森林生态廊道规划中，设计接近自然且能被野生动物利用的生态廊道是连接破碎化栖息地的重要方法。伦佩珊（2009）以深圳市为研究对象，开展了基于野生动物保护的城市园林绿地规划设计。凌静等（2012）建议，在城镇密集区域的生态绿地设计中考虑野生动物栖息地的保护与营建，将有助于最大限度地发挥城市绿地系统的生态效益。祝宁（2012）则认为，从事城市规划、园林建设和动物保护的工作人员要有机配合，在绿地设计中充分考虑野生动物对栖息地的需求。对城市中野生动物栖息地的研究的另一个主要方向是通过系统性的分析，提出栖息地的技术改造和科学管理建议。张庆费（2000）提出建设城市生态公园的设想，这需要在发挥城市公园景观价值的同时，尽量保留本土物种和呈现多样化的植被模式，为野生动物觅食、栖息和繁衍提供良好的空间。栾晓峰和车生泉（2004）通过对城市人工绿化带鸟类群落的研究，提出增加林带中植物种类（特别是乡土植物）、改善林相结构等建议。程鲲和马建章（2008）认为城市鸟类的管理要从自然栖息地保护、栖息地改造与恢复、人工招引三个方面开展，并同时分析了鸟类栖息地改造的关键因子。彭婷婷和辜彬（2011）发现，城市密集区域的鸟类群落结构与栖息地关系非常密切，且植被在鸟类栖息地中具有重要作用，这为城市生态化建设中的合理规划与布局提供了参考。

第2章 上海市野生动物栖息地状况与问题

上海地处长江三角洲东南缘,位于我国南北海岸线的中心点和黄金水道长江的入海口处,东临东海,西接江苏、浙江两省,南倚杭州湾,北濒长江。上海是我国的经济和贸易中心,以不到全国国土面积的 0.1%(全市陆域面积 6 787 km²),却承载了全国 1.7%的人口和 4%左右的生产总值(上海市人民政府,2013)。

虽然由于城市人口密集且快速增长、社会经济高速发展和城市化进程加速导致市区的野生动物栖息地不断丧失,但由于地势平坦、河网密布,加之气候温暖适宜(地处中纬度季风区)、雨量充沛,上海有着广阔的陆地和湿地资源。特别是从长江中上游地区裹挟而来的泥沙在入海口附近冲淤形成丰富的滩涂,为依赖湿地的野生动物提供了良好的栖息地。长江口与东海形成的"T"形结合部被世界自然基金会列为具有国际意义的生态敏感地区和全球湿地生物多样性保护 238 个热点地区之一,是众多野生动物的家园。

20 世纪 90 年代以来,在国家野生动物保护主管部门的推动下,上海开展了两次全市野生动物资源普查,还开展了多个野生动物资源专项监测,基本掌握了上海野生动物资源的本底情况。根据调查和监测结果,并结合历史记录,确定鸟类是上海野生动物资源的主体和特色类群,达 500 种左右;上海是东北亚鹤类迁徙路线、东亚雁鸭类迁徙路线、东亚—澳大利西亚鸻鹬类迁徙路线的重要中转站和越冬地。除鸟类外,上海还有野生两栖类 14 种、爬行类 32 种、兽类 40 种。

2.1 野生动物栖息地分布、类型及特点

2.1.1 野生动物栖息地分布

众所周知,人类活动对许多野生动物栖息地的影响已经远远超出野生动物自身。野生动物可能随时因为人类活动的干扰而丧失栖息地,也可能因为人类活动的影响而找到新的栖息地,且这种变化在上海这样高度城市化的地区表现得尤为明显。因此,对上海野生动物栖息地的有效管理不仅要掌握相关种类的自然分布情况,还要充分考虑到人类活动对它们的影响,以便为它们预留栖息地。

2.1.1.1 基于时空维度的野生动物栖息地分布

(1) 空间上的分布特点

以鸟类为主的特点决定了上海市野生动物栖息地空间分布的主要特点。长江口以南的沿海地区多为裸露的岩石海岸,而长江口滩涂属典型沙质和淤泥质海滩,有着丰富的食物资源,这决定了长江口滩涂湿地是许多候鸟在春季北迁过程中停歇和补充能量的

第一站、在秋季南迁时停歇和补充能量的最后一站,也是部分候鸟的繁殖地或越冬地,还是春秋季其他动物育肥和储存营养、准备越冬的重要"食堂"。因此,长江口及杭州湾北岸的沿海滩涂是上海最重要的野生动物栖息地,养育着本市70%以上的野生动物种类。

上海郊区的农田和林地也为相当多的野生动物提供了生存场所。特别是近年来上海林业的跨越式发展,林地面积已接近10万公顷,林地中的生物多样性不断提高。不过,随着上海的城市建设重心向郊区转移,城市人口向郊区转移已经成为一种必然趋势,这将会逐渐威胁郊区的野生动物栖息地。

与此同时,在城市化进程中,上海市区的公园和绿地建设也取得了重大成就,成为许多野生动物新的栖息地。

（2）时间上的分布特点

上海野生动物对栖息地的利用在时间分布上也很有特点。由于有大量"南来北往"的候鸟过境,春、秋季是上海野生动物对栖息地利用的高峰,而且各类野生动物对栖息地的要求很高,利用的范围也较广。在夏季,虽然在上海繁殖的候鸟较少,但本地动物比较活跃,食物量也有保障,总体上表现为野生动物种类较少、活动较广。在冬季,两栖类和爬行类冬眠,兽类也减少活动,冬候鸟成为上海主要的野生动物,其栖息地集中于沿海滩涂及其附近海域。

2.1.1.2　基于城市规划和管理维度的野生动物栖息地分布

城市规划是在一定时期内,事关城市未来方向、合理布局和工程安排的综合部署与发展蓝图,也是城市管理的重要依据。上海市各级政府历来重视生态环境的保护,特别是近年来出台了《上海市主体功能区规划》《上海市基本生态网络结构规划》《上海市国民经济和社会发展第十三个五年规划》《上海市城市总体规划（2017—2035年）》等规划,明确提出上海市的生态空间范围和规模。

上海在城市建设的过程中,虽然社会经济发展较快、城市化进程迅速,但已从宏观角度和管理维度预留了基础生态空间,为本市维护生态平衡、保护生物多样性、降低自然灾害风险等方面提供了缓冲。湿地、农田、林地、绿地作为上海城市基础生态空间的主体,在为人们提供生态服务的同时,也成为野生动物的主要栖息地。

综合自然分布和城市管理两个维度,可以看出上海野生动物栖息地的分布有很强的重合度,这无疑对栖息地的保护与管理非常有利。

2.1.2　野生动物栖息地类型

上海市野生动物栖息地的类型主要有湿地、农田、林地和绿地。

2.1.2.1　湿地类型的野生动物栖息地

"湿地"通常指天然或人工的、常年或暂时(季节性)的沼泽地、泥炭地或水域地带,包括带有静止或流动的淡水、半咸水或咸水水体,以及低潮时水深不超过6 m的海域。在很久以前,湿地仅仅被当作毫无用处的"废地"。随着湿地科学的不断发展,人们发现这些"废地"不仅在调节气候、净化环境等方面发挥着重要作用,还是大部分水鸟,尤其是许多候鸟至关重要的活动场所,有着丰富的生物多样性。

湿地是一种多类型、多层次的复杂生态系统,具有水陆过渡性、功能多样性和结构复杂性等特征,支撑着各具特色的迁徙物种,是上海生物多样性的主要载体,例如本市绝大多数重要、珍稀、濒危的鱼类和鸟类生活在沿江沿海湿地中。根据第二次全国湿地资源调查的数据(蔡友铭等,2014),上海单块面积 8 hm² 以上(含 8 hm²)的湿地总面积为464 583.37 hm²;上海的湿地共划分为 5 类 13 型(包括深水航道,但不含水稻田),5 个湿地类中,近海与海岸湿地面积为 386 622.00 hm²,河流湿地面积为 7 241.46 hm²,湖泊湿地面积 5 795.16 hm²,沼泽湿地面积 9 289.20 hm²,人工湿地面积 55 635.55 hm²。上海的湿地面临的最大问题是过于强调它供给土地的功能,其中有大量滩涂被开发,特别是近年来滩涂被快速围垦用于满足工业、农业和市政建设发展需要。此外,上海的湿地还面临外来物种入侵、生物多样性下降、水体污染及管理体制不完善等问题。

2.1.2.2　农田类型的野生动物栖息地

农田是一种人为构建的生态系统,也是人类赖以生存的基本资源和条件之一。它以农作物为核心,还包括杂草、害虫(影响农作物生长的昆虫)、微生物、其他动物等生物,但反过来又为两栖类、爬行类、鸟类、兽类等野生动物提供生存环境。

上海是我国城市化水平最高的城市。国家统计局数据显示,2016 年上海城镇化率达到 87.6%。但是,作为上海郊区的浦东新区、闵行区、嘉定区、宝山区、金山区、松江区、奉贤区、青浦区和崇明区仍有相当大面积的农田。《2017 上海统计年鉴》数据显示,2016 年上海市粮食作物播种面积为 14.01 万公顷,这比 1990 年的 41.71 万公顷减少了 27.7 万公顷。虽然现在我国实行基本农田保护制度,但普遍面临着城市发展对土地的需求,农田保护仍然承受着巨大压力。此外,目前上海农业生产中大量使用化肥和农药,造成较严重的面源污染,对野生动物的生存不利;农田水利中大量建造水泥沟渠,人为隔断了农田间物种交流,水生动物、两栖类等动物的生存面临重大挑战。

2.1.2.3　林地类型的野生动物栖息地

森林是地球陆地上最重要的生态系统,有着丰富的生物多样性。然而,上海在传统上林业基础薄弱,大片的林地严重缺乏。20 世纪 70 年代末,上海市林地总面积约 17 000 hm²,森林覆盖率仅约 2.7%,而且主要以农村"四旁"(村旁、路旁、水旁、宅旁)的林木、竹园等为主。进入 21 世纪后,随着社会各界对城市生态环境的逐步重视,上海提出建设生态型城市的目标,各级政府先后投入数十亿元资金,重点建设沿海防护林、水源涵养林、通道防护林、污染隔离林、生态公益林(生态林)和经济林等林地。至 2015 年,全市林地总面积约 100 000 hm²,森林覆盖率约 15.03%。

林地是上海城市建设中有生命的基础设施,它在发挥绿化景观、调节气候和水分等生态功能的同时,也为野生动物提供了大量的栖息地。目前,本市大部分林地由于造林时间较短,普遍存在林分密度过大、中幼林居多、树种单一等问题,还不足以形成丰富的生物多样性。此外,由于历史原因,本市绝大多数林木栽植在农田上,因此还存在一定的不稳定性。

2.1.2.4　绿地类型的野生动物栖息地

绿地一般包括公共绿地、宅旁绿地、公共服务设施所属绿地和道路绿地(即道路红线内的绿地)等。绿地是城市中最贴近自然的生态系统,也是城市中植物、水体最集中的区域。自改革开放以来,上海市高度重视城市绿化工作,全市公共绿地面积由20世纪80年代初的404.19 hm²提高到2016年的131 681 hm²,城区绿化覆盖率从6.14%提高到38.8%,基本上形成了包括中心城区、郊区新城和新型市镇等集中城市化地区的"环、楔、廊、园、林"绿化格局。近年来,随着上海一些大型绿地(包括相关绿带)逐渐成熟和郁闭,绿地中的野生动物种类和数量均呈现上升趋势,初步形成各自相对独立的小型生态系统。不过,绿地作为上海野生动物栖息地还面临一些问题：首要问题是人类活动频繁,人为干扰程度较高;其次是比较分散、孤立,不利于除鸟类外的其他物种的种内交流。此外,绿地中还有为数不少的外来物种,对周边环境造成一定威胁。

2.1.3　野生动物栖息地特点

根据各方面的状况来看,上海的野生动物栖息地总体上具有以下鲜明特点。一是以沿海滩涂湿地为主,但林地、农田和绿地也是重要的栖息地。二是总面积不大,类型有限,但与城市的方方面面关系密切。三是处于经济高速发展的城市和人类社会的包围之中,面临数量和质量"双降"的危险。四是质量不高。由于工业污染、农副业生产等原因,许多栖息地内的水质、土壤等关键生态因子质量下降,部分林地类型的栖息地还存在群落结构缺少层次、树种单一、均匀性差等问题。

2.2　野生动物及其栖息地保护的进展

围绕野生动物及其栖息地的保护,上海有关主管部门主要开展以下六个方面的工作。一是建立起一套由市林业总站(市野生动植物保护事务中心)、8个区级野生动物保护管理站和7个区级绿化管理局(署)组成的较为完善的市、区两级野生动物保护管理体系。二是初步建立与《中华人民共和国森林法》《中华人民共和国环境保护法》《中华人民共和国野生动物保护法》《中华人民共和国陆生野生动物保护实施条例》《中华人民共和国自然保护区条例》《森林和野生动物类型自然保护区管理办法》等一系列法律法规相适应的本地栖息地保护管理法规体系。三是初步构建包括4个自然保护区(崇明东滩鸟类自然保护区、九段沙湿地自然保护区、金山三岛海洋生态自然保护区、长江口中华鲟自然保护区)、6个野生动物禁猎区(奉贤区、崇明区、金山区、青浦区、松江区均为全区域野生动物禁猎区,浦东新区有南汇东滩野生动物禁猎区 ①)、2个国家级湿地公园、4个国家级森林公园的野生动物保护网络,共有超过13万公顷的基础生态空间得到有效保护。四是依托本市实力雄厚的高校和科研机构,对40余块野生动物栖息地开展了调查、监测与评估,为栖息地的保护提供科学依据。五是积极开展大莲湖、崇明东滩等栖息地的修复,

---

① 2021年3月23日,浦东新区人民政府发布《关于划定浦东新区全区域为野生动物禁猎区的通告》,因而浦东新区成为继奉贤区、崇明区、金山区、青浦区、松江区后,上海市第6个全域禁猎的行政区域。

同时推进狗獾、獐、扬子鳄等本土濒危物种的恢复或重引入,均已取得阶段性成果。六是栖息地专项保护管理资金渠道打通,且市政府启动了两轮修复工程,积极修复受损的野生动物栖息地,这将大大提高上海的栖息地质量和保护力度,最终恢复本市更多珍稀濒危野生动物种群。

2.3　野生动物栖息地管理面临的问题

　　在社会经济快速发展和城市化进程不断加速的过程中,上海的野生动物栖息地管理也面临诸多问题。首先,人们对栖息地价值的认识往往聚焦在其蕴含的土地经济价值上,而对其生态价值和社会价值认识不够,因而保护意识总体上不强。其次,栖息地管理是一项涉及体制、法制、规划、市政工程、林业、园林、水利、科技、宣传等部门或专业的系统性工作,但目前既熟悉野生动物及其栖息地保护原理,又了解规划、工程、招标等实践领域的专业人员较为缺乏。再次,有相应资质、满足生态修复要求的施工企业较少,选择面不广,整个市场还未培育起来。最后,栖息地管理需要不断摸索、循序渐进,然而除自然保护区外,其他形式的栖息地保护成功案例还不多,可借鉴的经验有限。

第 3 章　上海市野生动物栖息地修复政策

3.1　修复背景

自 20 世纪 90 年代以来,上海各级政府在野生动植物分布的重点、敏感和脆弱区域陆续建立了金山三岛自然保护区、崇明东滩鸟类自然保护区、九段沙湿地自然保护区和长江口中华鲟自然保护区,并积极开展野生动植物栖息地管理工作,取得了显著成效,有力地保障了城市生态安全。但是,随着城市化的迅速推进,上海的发展重心已经从中心城区移向郊区新城,导致郊区许多野生动物栖息地的逐渐萎缩、趋于片段化或破碎化,以及极小种群物种的局部灭绝或迁走。如何在城市发展的大趋势下,做好野生动植物及其栖息地的保护管理是上海野生动植物保护主管部门一直在思考并探索的重要问题。

进入 21 世纪以来,围绕如何做好特大型城市野生动植物及其栖息地管理这一命题,上海野生动植物保护主管部门牢牢抓住经过 2003 年严重急性呼吸综合征和 2005 年高致病性禽流感等社会公共卫生安全事件后,社会各界对野生动物及其栖息地保护高度关注的重大机遇,积极拓展思路,大胆开创局面,在上海市财政局、上海市科委等职能部门支持下,组织市、区(县)两级野生动物保护主管部门、有关高校和科研机构、相关非政府组织,探索性地开展了一系列保护管理和修复项目。这些项目主要涵盖如下四个方面。

一是野生动植物调查和监测,用于掌握资源"家底"。2004 年,上海市有关部门派出专家队伍参加了世界自然基金会牵头的长江中下游水鸟调查,这是本市第一次系统性地开展水鸟同步调查。之后,上海市每年坚持开展水鸟同步调查,积累了丰富的鸟类资源及其栖息地变化数据。近年来,上海市还陆续开展林地、绿地生物多样性监测等 10 余项野生动植物资源专项监测,并开展了两次全国野生动植物资源普查(上海片区),较为全面地掌握了上海野生动植物本底情况,为野生动植物保护管理决策提供了坚实的科学依据。

二是野生动物栖息地修复的探索与实践。2006 年开始,在上海市科委及相关非政府组织的支持下,上海市林业局(上海市绿化和市容管理局)组织有关专家实施青浦区大莲湖湿地修复和浦东新区南汇东滩水鸟栖息地修复项目,均达成预期结果。崇明东滩鸟类保护区管理处从 2010 年开始,利用财政部和原国家林业局支持的湿地补助项目资金,开展了三期互花米草生态控制与鸟类栖息地优化中试项目,为后续工程的正式实施储备了大量技术和方法,积累了较丰富的工作经验。

三是重引入或复壮(统称"恢复")部分濒危物种种群。2006 年开始,在原国家林业局的支持下,上海市林业局组织华东师范大学、原上海市野生动植物保护管理站等单位,分别在浦东华夏公园和奉贤申亚生态林等区域,尝试重引入獐($Hydropotes\ inermis$)等国家重点保护野生动物和开展上海市重点保护野生动物狗獾($Meles\ meles$)的种群复壮,并联合有关非政府组织在崇明东滩湿地公园开展国家一级保护野生动物扬子鳄($Alligator\ sinensis$)的重引入。这些工作都已取得预期成果,为有效保护本市野生动物资源、提升区域内生物多样性提供了借鉴。

四是野生动物栖息地调查和评估。2008 年,上海市林业局组织科研机构对全市 40 余块(合计近 2 万公顷)野生动植物分布区域开展了调查,共发现鸟类 201 种、陆生兽类 15 种、两栖爬行类动物 27 种。经评估,这些地点保存了上海近一半的陆生野生脊椎动物种类,对本市生物多样性贡献较大,具有重要保护价值,也是目前本市为数不多的野生动物适宜栖息地。这些调查还发现,以上栖息地当时由于缺乏有效的保护措施,正面临开发、偷猎、围垦、水质污染、外来物种入侵等威胁,甚至部分栖息地已经被破坏殆尽,它们的保护具有紧迫性。为此,上海市林业局委托华东师范大学开展了"上海野生动物栖息地管理对策研究"课题,提出了针对这些栖息地后续管理的一系列建议。

2012 年 11 月 8 日,党的十八大报告将生态文明建设列入中国特色社会主义事业"五位一体"总体布局。党的十八大以来,野生动植物及其栖息地保护和修复已成为我国生态文明建设的重要内容。上海市各级政府及相关部门高度重视,先后采取多项重大举措,进一步加强本市野生动植物及其栖息地的保护。从 2012 年至 2013 年上半年,上海市林业局(根据书中具体情形的需要,有时简称"市林业局")、上海市发展和改革委员会(以下简称"市发展改革委")和上海市财政局(以下简称"市财政局")就有关林业建设政策开展了多轮调研,建议将本市林业的发展领域由单一林地建设向湿地和野生动植物保护拓展,构建完整的城市基础生态空间网络,并向市政府作了专题汇报。经上海市政府同意,2013 年 3 月 8 日,市政府办公厅正式转发了市林业局、市发展改革委、市财政局三部门制订的《2013—2015 年本市推进林业健康发展促进生态文明建设的若干政策措施》(沪府办〔2013〕12 号),上海市野生动物栖息地修复政策正式出台。

3.2 主要措施内容

按照上海市《2013—2015 年本市推进林业健康发展促进生态文明建设的若干政策措施》规定,本市野生动物栖息地修复政策分为野生动物重要栖息地建设和极小种群物种恢复与野放两个方向,项目主要实施期限为 2013 年 1 月—2015 年 12 月,项目建设所需资金由市、区(县)两级财政分别承担 70%和 30%。

3.2.1 野生动物重要栖息地建设的内容

根据项目区域实际情况,上海市相关政策要求野生动物重要栖息地建设项目主要围绕以下六个方面开展工作。

3.2.1.1　栖息地本底调查

对照 2008 年的调查数据,对各栖息地的本底进行系统评估。① 开展栖息地基础信息调查,包括地理位置、四至边界、周边社区情况,以及污染源、交通情况等主要负面影响因子。② 开展植物与植被调查,掌握植物多样性、郁闭度等关键因子,了解食源性植物构成。③ 开展野生动物调查,掌握动物种类及数量概况,推演基础食物链和食物网,明确保护的目标动物。④ 开展水源监测,对栖息地内及周边水系进行调查,了解水源质量。综合以上调查和监测结果,提出相关栖息地的保护目标。

3.2.1.2　栖息地适宜性改造

在前期评估工作的基础上,制定栖息地适宜性改造方案。然后,按照既定的方案对栖息地进行改造,以便为目标动物提供充足的食物和水源、适宜的繁殖地点、躲避天敌或不良天气的场所等基本条件,满足其生存和繁衍的需要。

改造的主要措施包括: ① 食源性植物增植;② 植被改造;③ 底栖动物等食源性动物的人工配置与放养;④ 有害动植物控制;⑤ 地势改造,例如巢穴等小环境的营造、动物通道的构建(应因地制宜选用平交式、跨越式、涵洞式等方式);⑥ 水源配置,涉及水系的连通、缓坡上水塘的挖掘、水体的自然净化、湿地的营造等,部分栖息地还要增设人工岛屿、配置水闸水泵等水利设施;⑦ 受外界干扰较为严重的栖息地还需建造围栏。

3.2.1.3　监测样带或样点设置

相关项目实施后,预计栖息地的质量会提高,水源状况也将显著改善,并可能会引起目标动物种群的变化。因此,必须设置相对固定的监测样带或样点,通过定期监测来检验栖息地改造的效果。部分栖息地可根据需要增设动物监测设备,并布设一定数量的监测步道。

3.2.1.4　栖息地保护质量评估

在前三项工作基础上,委托第三方科研单位,以栖息地保护目标为核心,对保护质量进行评估,主要指标包括动物多样性、植物多样性、水源状况、巡护情况等。

3.2.1.5　巡护和管理建设

为切实做好栖息地的保护管理,保障修复的实效,必须加强巡护和日常管理。项目实施单位应聘请专人进行巡护,防止出现开发、偷猎、围垦、倾倒垃圾、污染水质等破坏目标动物栖息地的行为。项目实施单位还应在栖息地附近租借必要的管护房屋等设施,并为巡护人员配备必要的巡护工具(交通、通信、管护设备等)。

3.2.1.6　勘界和警示系统建设

借鉴自然保护区的管理要求,对栖息地进行勘界和确标立界,分别建立界碑(根据主要路口数量和管理需要确定)、界桩(根据地形和转向点确定)、标示牌和警示牌(主要面向周边社区)。为了避免人为破坏和盗窃,以上设施应以钢筋混凝土为主要材质,形式则以仿栖息地原生环境为宜。

3.2.2　极小种群物种恢复与野放的内容

极小种群恢复与野放项目应根据目标物种的生物学特性,特别是针对它们对栖息地关键因子的要求,结合项目区域实际情况,主要围绕以下五个方面开展工作。

3.2.2.1　种源引入

需野放的扬子鳄、獐、狗獾等目标物种的种源个体从外地引入上海后,宜先在特殊区域进行适应性放养,必要时应该人为繁育和扩大种群。

3.2.2.2　栖息地本底调查和拟野放动物环境容纳量评估

通过开展基础信息(地理位置、四至边界、周边社区情况、污染源、交通情况等)调查、植物与植被调查(植物多样性、林分结构、郁闭度、食源性植物构成)、动物多样性调查(拟野放食肉类动物的食物来源)和水源调查(水质和水系分布),估算拟野放动物的环境容纳量,用于设定野放的目标动物的数量阈值,形成专项报告。

3.2.2.3　栖息地适宜性改造

基于栖息地本底调查结果,以目标物种对栖息地的要求为核心,制定栖息地适宜性改造方案,同时提出防止目标动物野放后逃走的措施。然后,按照既定的方案对栖息地进行改造,以便为野放后的目标动物提供充足的食物和水源、适宜的繁殖地点、躲避天敌或不良天气的场所等基本条件,满足其生存和繁衍的需要。

改造的主要措施包括:① 食源性植物增植;② 植被改造;③ 底栖动物等食源性动物的人工配置与放养;④ 有害动植物控制;⑤ 地势改造,例如巢穴等小环境的营造、动物通道的构建(应因地制宜选用平交式、跨越式、涵洞式等方式);⑥ 水源配置,涉及水系的连通、缓坡上水塘的挖掘、水体的自然净化、湿地的营造等,部分栖息地还要增设人工岛屿、配置水闸水泵等水利设施;⑦ 目标动物释放与逃逸设施的准备。此外,受外界干扰较为严重的栖息地还需建造围栏。

3.2.2.4　安全风险评估、目标动物野放和后期监测

只有在完成前三项工作的基础上,野生动物保护主管部门才能允许进行目标动物的野放。目标动物野放前后,要加强对栖息地和目标动物的巡护。

野放项目实施后,预计栖息地的质量会提高,水质和水源分布也将显著改善,因而要监测目标动物对栖息地的适应情况和影响。部分栖息地可根据需要增设动物监测设备,并布设一定数量的监测步道。

3.2.2.5　勘界和警示与宣传系统建设

借鉴自然保护区的管理要求,对栖息地进行勘界和确标立界,分别建立界碑(根据主要路口数量和管理需要确定)、界桩(根据地形和转向点确定)、标示牌和警示牌(主要面向周边社区设立)。为了避免人为破坏和盗窃,以上设施应以钢筋混凝土为主要材质,形式则以仿栖息地原生环境为宜。

3.3　政策落实

为保障上海市野生动物栖息地修复政策落实,市林业局、市发展改革委、市财政局联合制定了《2013—2015 年上海市野生动物重要栖息地建设管理项目实施管理办法》

《2013—2015年上海市野生动物重要栖息地建设管理项目建设指导意见》《2013—2015年上海市极小种群物种恢复与野放项目实施管理办法》《2013—2015年上海市极小种群物种恢复与野放项目建设指导意见》等一系列规范性文件(以下合称为"相关《项目实施管理办法》和《项目建设指导意见》"),对本市野生动物重要栖息地建设和极小种群物种恢复与野放项目的实施范围、内容、程序、监管要求、资金管理、检查与验收、责任追究等方面都有详细的规范。

3.3.1　野生动物重要栖息地建设的落实

3.3.1.1　实施范围

这个建设方向的实施范围为本市8块野生动物重要栖息地。这些栖息地原则上仅限于适合陆生(或以陆生为主)野生动物生存且不与自然保护区重合的林地、绿地、湿地等自然环境。对于拟列入政策支持的栖息地,项目上报单位应具有5年以上的使用管理权(以合同为准)。在生态林内实施的野生动物重要栖息地建设,项目上报单位要与生态林企业签订林地使用合同,明确拟实施的建设项目不作为生态林回购补偿的内容。

3.3.1.2　实施内容

建设项目的实施内容主要包括:栖息地本底调查;植被改善和栖息地适宜性改造;监测样带或样点设置,定期监测;巡护和管理建设;保护质量评估;勘界和警示系统建设。

3.3.1.3　实施程序

相关各区(县)①林业主管部门根据市林业局下达的计划,落实建设项目实施地点和面积,组织编制作业设计并上报市林业局,经市林业局审核同意后组织实施。相关各区野生动物保护主管部门应该作为项目实施的责任主体进行监管,野生动物管理机构应该负责项目的具体实施(其中崇明西沙湿地公园负责崇明西沙栖息地建设项目的具体实施)。

作业设计应该由具有相关资质的设计单位或区级以上野生动物保护技术部门,按照初步设计深度要求进行编制,具体内容包括栖息地基本情况、作业设计说明、作业设计图纸、项目预算等。施工单位应该由区野生动物保护主管部门按照有关要求,通过工程招标、政府采购,或由区林业主管部门和财政局等部门协商确定。

建设项目的实施必须按照作业设计图纸施工,严格执行施工方案,确保质量。如果项目实施过程涉及树木迁移、野生动物收购等行政许可,应该按照规定办理相关手续。项目一经批准,原则上不允许变更;确需对项目实施内容进行调整,施工单位必须按照原审批程序,逐级上报并经市林业局同意后,方可实施。施工结束后,施工单位编制竣工报告,提出项目竣工验收申请。

3.3.1.4　监管要求

市林业局负责野生动物重要栖息地建设项目的日常监管,通过定期、不定期的检查,督促各个项目保质保量地完成。相关各区林业主管部门应加强对项目的监管,对不符合

---

① 崇明区在2016年7月22日前为崇明县。本书所涉建设项目大多在2013—2015年进行,相关区和县的准确表述应为"各区县"或"各区(县)"。但为表述简便,除特殊情形外,下文一般统称为"各区"。特此说明。

施工要求和施工程序的情况提出整改意见,必要时提出停工要求。项目完工后,各区林业主管部门必须统一择优委托工程审价机构进行审价,形成决算审价报告。

在建设项目实施过程中,市林业局还应该监督项目参与方建立栖息地日常巡护和监测样带(样点)数据档案。项目档案的管理应该标准、规范和完善,项目的前期评估材料(包括影像材料)、项目实施过程中的监测材料(包括影像材料)、作业设计方案、上报审核材料、专家评审材料、竣工验收材料、各类图纸,以及相关的其他材料,都应该归并存档。

3.3.1.5　市级财政资金管理

按照相关实施标准,上海市财政资金给予野生动物重要栖息地建设项目 70% 的专项资金。项目启动后,市财政局按市专项资金的 50% 预拨,余额待竣工验收合格后再下拨。市财政资金先由相关各区林业主管部门向市林业局提出申请,市林业局审核并汇总后报市财政局,市财政局审核后直接将资金拨付给区财政局。各区林业主管部门要加强对这些林业专项资金的管理,落实会计主体,规范会计核算,强化内控制度。

3.3.2　极小种群物种恢复与野放的落实

3.3.2.1　实施范围

这个方向的实施范围为 4 个极小种群物种恢复与野放项目,原则上仅限于为扬子鳄(国家一级保护野生动物)、獐(国家二级保护野生动物)、狗獾(上海市重点保护野生动物)等目标物种的极小种群的恢复、野放和栖息地适宜性改造。对于拟列入政策支持的栖息地,项目上报单位应具有 5 年以上使用管理权(以合同为准)。在生态林内实施极小种群物种恢复与野放,项目上报单位要与生态林企业签订林地使用合同,明确拟实施的项目不作为生态林回购补偿的内容。

3.3.2.2　实施内容

项目的实施内容主要包括:种源引入;栖息地本底调查,目标动物的环境容纳量评估,栖息地适宜性改造;目标动物野放及其安全风险评估;勘界和警示与宣传系统建设;后期环境监测。

3.3.2.3　实施程序

相关各区林业主管部门根据市林业局下达的计划,落实项目实施地点和面积,组织编制作业设计并上报市林业局,经市林业局审核同意后组织实施。相关各区野生动物保护主管部门应该作为项目实施的责任主体进行监管,野生动物管理机构应该负责项目的具体实施(其中崇明东滩湿地公园负责崇明东滩扬子鳄种群恢复项目的具体实施)。

作业设计应该由具有相关资质的设计单位或区级以上野生动物保护技术部门,按照初步设计深度要求进行编制,具体内容包括栖息地基本情况、作业设计说明、作业设计图纸、项目预算等。施工单位应该由区野生动物保护主管部门按照有关要求,通过工程招标、政府采购或由区林业主管部门和财政局等部门协商确定。

项目的实施必须按照作业设计图纸施工,严格执行施工方案,确保质量。如果项目实施过程涉及树木迁移、猎捕(出售、收购、利用)野生动物等行政许可,应该按照规定办理相关手续。项目一经批准,原则上不允许变更;确需对项目实施内容进行调整,施工单位必须按照原审批程序，逐级上报并经市林业局同意后，方可实施。施工结束后，由施工单位编制竣工报告，提出项目竣工验收申请。

3.3.2.4 监管要求

市林业局负责极小种群物种恢复与野放项目的日常监管，通过定期、不定期的检查，督促各个项目保质保量地完成。相关各区林业主管部门应加强对项目的监管，对不符合施工要求和施工程序的情况提出整改意见，必要时提出停工要求。项目完工后，各区林业主管部门必须统一择优委托工程审价机构进行审价，形成决算审价报告。

在项目实施过程中，市林业局还应该监督项目参与方做好野放动物的管理，建立栖息地日常巡护和野放动物的档案。项目档案的管理应该标准、规范和完善，项目的前期评估材料（包括影像材料）、项目实施过程中的监测材料（包括影像材料）、作业设计方案、上报审核材料、专家评审材料、竣工验收材料、各类图纸，以及相关的其他材料，都应该归并存档。

3.3.2.5 市级财政资金管理

按照相关实施标准，上海市财政资金给予极小种群物种恢复与野放项目70％的专项资金。项目启动后，市财政局按市专项资金的50％预拨，余额待竣工验收合格后下拨。市财政资金先由相关各区林业主管部门向市林业局提出申请，市林业局审核并汇总后报市财政局，市财政局审核后直接将资金拨付给区财政局。各区林业主管部门要加强对这些林业专项资金的管理，落实会计主体，规范会计核算，强化内控制度。

3.3.3 专业工作要求

野生动物栖息地修复是专业性非常强的工作，相关各区林业主管部门和项目实施单位此前均缺乏修复理论知识和工程管理经验。为切实保障政策成效，市林业局从顶层设计的角度，主要开展了以下三项工作。

3.3.3.1 明确技术支撑单位

市林业局组织复旦大学、华东师范大学、同济大学、上海师范大学等高校和科研机构作为野生动物栖息地修复项目的技术支撑单位。这些技术支撑单位不仅承担栖息地本底调查和监测，还衔接作业设计单位，参与作业设计方案的编制，从而发挥了专业技术支撑的作用，确保修复项目取得较好的成效。

3.3.3.2 编制《作业设计方案大纲》

市林业局按照与市发展改革委、市财政局联合制定的相关《项目实施管理办法》和《项目建设指导意见》的内容和要求，委托专业人员编制了《作业设计方案大纲》，并下发到各有关单位。《作业设计方案大纲》统一了各个项目的作业设计方案格式和内容，既便于设计单位按照统一格式编制作业设计，也便于主管部门对作业设计方案的内容进行审核和把关。

3.3.3.3 规范标识的设置

为了更好地发挥野生动物栖息地修复项目的科普教育及示范功能，在2013—2015年的修复政策推进过程中，市林业局以规范性文件的形式向各项目实施单位下发了《上海市野生动物重要栖息地标识系统设置指导规范(试行)》,对重要栖息地中标识(包括标牌)的系统设置提出具体要求,确定了标识的位置、材料、宣传内容、格式、尺寸等方面的标准。在相关项目实施过程中,这一规范发挥了很好的指导和引领作用。

3.4　项目验收和后续维护规定

野生动物栖息地修复工程结束后,主管部门组织完工验收(交工验收)和竣工验收,并协调各栖息地的管理机构开展后续维护工作。从项目上报到后续管理是整个 2013—2015 年上海市野生动物栖息地修复政策实施的闭环程序,也是确保政策有效落地的必要保障。虽然相关《项目实施管理办法》和《项目建设指导意见》对野生动物栖息地修复项目的立项、设计、施工等环节进行了明确规定,但对项目验收和后续维护要求较为笼统。为了细化和规范以上两项工作的具体要求,2015 年以来,市林业局连续出台了相关文件。

3.4.1　项目验收办法

2015 年,市林业局出台了《上海市 2013—2015 年野生动物重要栖息地建设管理项目和极小种群物种恢复与野放项目竣工验收办法》(简称《验收办法》),对项目竣工验收的内容、材料、程序、责任进行了全面规范。

3.4.1.1　竣工验收内容

项目竣工验收的内容主要包括如下几个方面:① 本底调查评估情况;② 建设程序及执行情况;③ 项目建设质量情况,包括种源引入、植被改善和栖息地适宜性改造、视频监测系统、标志标识系统、勘界和警示系统、宣传教育、巡护管理等建设内容;④ 项目成效的评估情况;⑤ 后期管理运营落实情况及相关档案管理情况。

3.4.1.2　竣工验收材料

竣工验收材料主要包括各区林业部门(或相关公司)上报的项目验收申请(正式发文)、实施方案和批复,以及各区(或相关公司)自查验收报告、监理报告、审价(审计)报告、施工单位项目竣工报告、现场定点对比图像资料、竣工图和竣工决算、竣工验收自查表、项目区域长期稳定的证明(土地流转协议、土地租用协议等)、落实后期维护单位的证明(委托协议或责任声明)等材料。施工过程如果有变更,需提供变更报告和批复。

3.4.1.3　竣工验收程序

竣工验收程序主要包括区级自查程序和市级验收程序。区级自查程序要求采取全面核查的方式,检验项目从申报、审核、批复、招标、施工、质量监督、资金配套及使用等环节的程序完整性、材料齐全性、工程建设质量等内容;验收通过后,由区林业主管部门请示市林业局开展市级验收。市级验收程序是,市林业局接到区林业主管部门验收请示后,组织检查验收小组,采取材料审查和现场核查相结合的方式进行验收,通过后出具验收结果报告及批复。

3.4.1.4　责任追究

项目实施过程中如果因工作不力导致工程质量、进度、投资控制等方面出现问题，市林业局、市财政局将根据情节轻重，采取责令限期整改、通报批评、暂缓拨付资金、撤销项目、收回补贴资金等措施，并建议相关部门追究有关人员的责任。

3.4.2　后续维护要求

野生动物栖息地修复工程完工后，后续维护工作就显得尤为重要。市林业局于2016年向有关单位专门下发了补充工作通知，要求各区野生动物栖息地主管部门切实加强对辖区内野生动物重要栖息地管理的领导，组织编制重要栖息地维护方案，落实维护管理单位，保障工作经费，重点做好重要栖息地巡护、监测和评估，以及极小种群物种管理，建立考核和责任追究制度，并妥善处理好栖息地管理与当地经济建设和居民生产生活的关系。

为进一步明确栖息地修复后管理的具体要求，以便指导后续维护工作，市林业局还组织专业人员编写了《本市野生动物重要栖息地维护管理工作要点》。此外，市林业局还要求各区野生动物保护主管部门及相关单位，根据每处重要栖息地的实际情况，在切实做好保护的前提下，逐步开展自然导赏和环境教育工作；有条件的栖息地维护机构还应探索整合现有资源，尝试建立野生动物宣传教育中心或青少年科普教育基地，增加市民亲近自然、享受自然的获得感，引导社会各界关心和支持本地野生动物保护，在全社会形成良好的野生动物及其栖息地保护氛围。

第4章　上海市野生动物栖息地修复实践

4.1　野生鸟类重要栖息地的修复

4.1.1　松江区泖港鸟类等野生动物重要栖息地修复工程

4.1.1.1　栖息地基本情况

泖港鸟类等野生动物重要栖息地(以下简称"泖港重要栖息地")的建设区域位于上海市松江区西南部的泖港镇。它东临上海绕城高速公路,南接 320 国道,西连沪杭高速公路,交通便利;北有黄浦江,这是泖港湿地的水源地;其地理坐标为东经 121°06′58″—121°07′38″,北纬 30°55′19″—30°55′39″。

泖港重要栖息地是由鱼塘改造而成的人工湿地,土地覆盖类型主要为水域、林地和耕地。项目修复的总面积约 37.33 hm²,其中水域约 17.8 hm²(占 47.68%)、林地约 15.67 hm²(占 41.98%)、耕地约 2.67 hm²(占 7.15%),其余约 1.19 hm² 为道路和建筑用地(占 3.19%)(图 4-1)。项目区域的土地属性是流转的集体耕地,由松江区农业委员会具体管理。

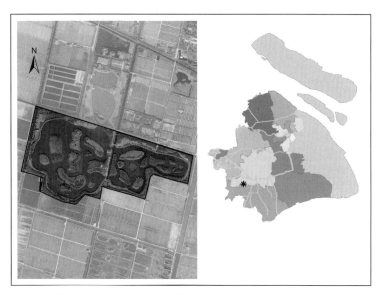

图 4-1　松江区泖港鸟类等野生动物重要栖息地区位

泖港重要栖息地周边是松江现代农业园区五厍示范区。松江现代农业园区于 2001 年建立,面积 1 119 hm²(其中耕地面积 722.93 hm²),是国家级农业标准化生产示范基地和上海市级现代农业园区。它建有标准化水产养殖区、葡萄农庄、番茄农庄、水上人家、花卉园区等功能区,是集休闲度假、生态农业、观光农业、养殖种植、村落文化、会务培训、生态食品和农家餐饮于一体的农业旅游观光园区。五库示范区内人工湿地较多,是黄浦江上游水资源保护区之一。

修复工程启动前,对泖港重要栖息地项目区域内的植物、动物和水质等要素进行了本底调查。结果显示,该栖息地共有乔木 26 种约 365 株,其中鸟类食源性乔木 13 种;乔木平均胸径 8.4 cm,郁闭度不高,整体处于幼龄期,有较大生长空间。该栖息地还有灌木 14 种 312 株,平均高度 147 cm,平均冠幅 80 cm;草本植物 67 种,其中水生草本植物 6 种。植物群落调查共发现 43 个群落。泖港重要栖息地动物本底调查共记录到鸟类 29 种,其中水鸟 12 种;水生动物种类不多,其中鱼类为人工养殖种类,底栖动物只有摇蚊幼虫和水蛭幼虫,未调查到两栖类和爬行类。

泖港重要栖息地的水质在修复前不理想。除溶解氧(DO)、总氮(TN)指标在 III 类水标准以下外,氨氮($NH_3 - N$)处于 III 类水水平,总磷(TP)处于 V 类水水平,化学需氧量(COD)甚至为劣 V 类水水平。

4.1.1.2　问题分析

根据对泖港重要栖息地自然和人为因素的调查和分析,它在修复前存在以下主要问题。

（1）水体

水体中氮磷指标超标,有机污染严重。水位变化幅度过大,超过 1 m,不利于岸边水生植物生长和底栖动物生存。

（2）植物与植被

植物物种多样性低,多成片分布。群落的植物组成简单,灌木种类缺乏;水生草本植物种类少,以挺水植物芦苇和喜旱莲子草(外来入侵种)为主,缺少沉水植物和浮水植物;垂直结构单一,多数缺少灌木层(图 4 - 2)。植物生活型单调,针叶树种和落叶树种较少。湿地植被人为干扰严重,表现为草本植物被定期清理、部分区域种植蔬菜、部分岛屿的芦苇被定期收割等。与此同时,栖息地中还分布着较多加拿大一枝黄花等外来入侵种。

修复前的中心小岛　　　　　　　　　　　　　修复前的水体

图 4 - 2　泖港重要栖息地修复前景观(2013 年 12 月)

（3）滩涂与地形地貌

栖息地中的浅滩分布不均，东部浅滩多，西部浅滩少。地势则西高东低，西部的岛屿形状较为规整且分散。本底调查发现，鸟类在东部多于西部，这很可能与浅滩分布和岛屿形态有关。

（4）人为干扰

待修复区有管理员生活区、鸡舍等 6 处建筑且过于分散，对栖息地中的鸟类等野生动物干扰较大。

4.1.1.3　修复目标

泖港重要栖息地修复的总体目标是通过相关生态改造和修复工程，促进群落空间组成与区域绿化布局的协调，保护以鸟类为主的野生动植物及其栖息地；尊重泖港湿地历史并与土地利用现状结合，确保水产养殖与鸟类栖息地建设和谐，营造适宜目标鸟类栖息、觅食和繁殖的小环境；落实保护措施，消除外界人为干扰，推动栖息地生态功能的恢复；开展宣传教育活动，实现人与自然的和谐共存。

泖港重要栖息地的修复工程设定了短期目标和长期目标。工程的短期目标是改造栖息地中的湿地环境，营造适合鸟类栖息、觅食和繁殖的小环境，吸引更多鸟类（尤其是候鸟）在此栖息和繁衍，其中水鸟种数应在原有本底调查基础上提高 10％，达到区域生态环境明显改善的效果。该修复工程的长期目标是通过总体规划、严格保护、科学优化、宣传教育等措施，保护和提高生物多样性，建成具有泖田湿地景观的上海市重要湿地修复示范区。

4.1.1.4　主要做法

（1）对湿地环境进行总体营造

依据保护总体规划（图 4 - 3，另见彩色图版 1），建立鸟类招引、栖息、觅食和繁殖区域，形成水鸟保护小区。引种上海本土水生植物芦苇和芡实，优化湿地植被。结合现有建筑及道路，增加木栈道及木桥，形成观测步道系统。改造水塘中岛屿的地形，形成封闭的水面并建成若干鸟岛，并适当投放鱼苗，从而为水鸟提供安全的栖息和觅食环境。建设观鸟平台和视频监控系统等管理设施。

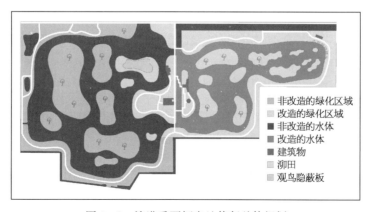

图 4 - 3　泖港重要栖息地修复总体规划

（2）恢复泖田湿地景观

泖田是松江区泖港地区特有的农业湿地景观，也是传统耕作模式对湿地合理利用的典型案例之一。泖港地区地势低洼，易积水，过去人们在地势较高处堆积小岛并构筑围堰，然后在围堰内种地，形成"泖田"。本修复项目通过改造岛屿地形、坡地修整、围筑堤坝、新增种植介质、人工种植等方法，重建泖田湿地景观。

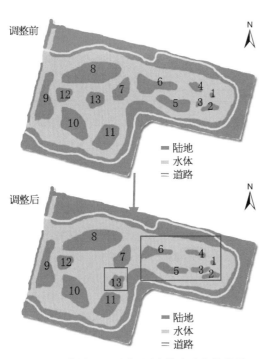

图4-4　岛屿调整示意（图中数字为岛的编号）

（3）调整岛屿斑块和岸线，增加湿地面积

由于要建造复杂多样的栖息地，尤其是要建成沼泽区域，就通过土方工程，拓宽图4-4中编号1—6的6个岛所围成的水域；将编号为7、8、10、11、12、13这6个岛围成一个视觉上隐蔽的湖，供喜欢宽广湖泊的水鸟（尤其是野鸭）栖息。具体做法是：将4号岛推平、拉长，横向展开；将6号岛削去2/3；将3号岛左右拉长，同时将13号岛从中间向下移（图4-4）。为防止挺水植物过度蔓延，将岛与岛之间最深处的水深增加到3 m。

湿地是水鸟天堂，本修复项目将扩大沼泽湿地，同时降低湿地水位以增加浅滩。因此，对各个岛的形态进行改造，将岛的边缘改成参差不齐的自然状态。鉴于原有岸线过于平直，对其做适当调整，使其带有弯弯曲曲的弧度，并使线型多样化。这些岛此前离常水位的最大高度为0.5 m，而且岛的边缘都有一定坡度，其中东部岛的坡度比其他区域岛的坡度更缓。因此，需要把3号和4号岛推平，面积平均增加约1/2；5号和6号岛靠近东边的部分推平，面积缩小1/3，并配置低矮的水生植物，以便呈现更好的沼泽湿地景观（图4-4）。

（4）进行乡土植物改造，种植鸟类食源性植物

一是对栖息地进行乡土植物改造。其中，8号岛是该栖息地东部面积最大的岛，此前90%的面积种植桃树，边缘有少量枇杷树和芦苇。修复工程移除该岛2/3的桃树，替换为其他乡土果树，如梨树、枇杷树、橘树、柿树、葡萄等，从而增加果树多样性，增强景观效果。9号岛的原有植被以乔木为主，群落健康状况良好，就作为隔离和过渡带保持现状。

二是增加食源和蜜源植物种类和数量。10号岛中部原来主要种植梨树，四周有落羽杉和芦苇。修复工程规划移除该岛1/2的梨树，改种其他适宜当地的乔灌木，如楝树、水杉、水松、垂柳、八角金盘、枸骨、桂花等（图4-5）。11号岛原为油菜地，改造时主要种植适宜湿地环境的灌木和草本植物，例如枸骨、八角金盘、胡颓子、石楠、十大功劳。7号和13号岛原有的优势树种是湿地松和落羽杉，边缘有大量芦苇，生长相对良好，主体未做改

图 4-5　移栽的桂花

动,只是增加构树、红叶李、蚊母树、水松、垂柳、栎、南天竹等乔灌木。

三是芦苇和芦竹的种植。1、2、3、5、6 号岛的岸线及周围的湖岸主要种植芦苇,以形成芦苇沼泽区,同时适当地搭配其他水生植物,为野生动物提供食物,并营造多样的环境。

7、8、9、10、11、13 号岛所围成的水面专门为喜欢在湖边栖息的水鸟建立,因而在 8、9、10 号岛上适当位置种植茂密的芦竹,以增加栖息地的隐蔽性。岛的水湾处还种植其他水生植物,不仅为植食性的水鸟提供食物,也为软体动物、水生昆虫等水生动物提供活动和觅食之处,而这些水生动物又是其他水鸟的食物。在这些岛的沿岸,还种植垂柳、水杉、构树等乡土植物。

(5)建设观鸟设施

观鸟设施主要包括观鸟长廊、观鸟栈道和观鸟屋(墙、台)(图 4-6)。该栖息地还设有科研观鸟区,主要供科研人员进行观测,每处设置数组观鸟板。

图 4-6　观鸟设施

（6）建设宣教科普设施

宣教科普设施建设的主要对象是导向、解说和科普标牌。其中，在修复项目区的入口竖立导向标识牌，提示来人已进入湿地的鸟类保护小区；同时用防腐木展板竖立科学普及展示牌，介绍湿地生态系统及其功能，以及松江五库湿地的沿革、栖息地的土地利用图等。在亲水平台、浮桥、碎石环路、鸟类集中区域也放置展示牌，介绍本地主要鸟类及其行为特征（图4-7）。此外，在沿道路（包括栈道）的树木和食源性植物上悬挂解说牌，介绍树木的分类及其与鸟类的关系。

图4-7　鸟类介绍展示牌

（7）建立栖息地边界标识系统

划定了该栖息地边界"四至"范围，设立明显的警示标志，包括栖息地界碑（界桩）、警示（标示）系统。

4.1.1.5　主要成效

根据主要指标监测，泖港重要栖息地修复成效初步评价如下。

（1）修复前后的植物群落对比

一是植物群落空间分布的变化。与2013年（修复前，下同）的状况相比，2015年的植物群落斑块总数和乔木群落斑块数量均有增加（图4-8）。其中，乔木群落斑块数量增加55.8%；西部区域的北侧和1、2、5号岛上的农用地和人工草地退耕还林为乔木群落，提高了鸟类栖息地的隐蔽性。与此相反，该栖息地的灌木群落斑块数量减少约30%，变化主要体现在东部区域的道路两旁和东西两区域的交界处。

二是植物群落结构和组成的变化。与2013年的状况相比，2015年的道路两旁增加了红叶石楠、构树、夹竹桃等灌木种类和数量，植物群落中物种多样性增加，郁闭度提高。岛屿斑块和农作物进行调整后，乔木的种类和数量均有所增加。由于移除、替换了生长较差的植株，修复后植物健康状况良好。

图 4-8　泖港重要栖息地修复后景观(2015 年 10 月)

三是水生植物的变化。由于修复工程注重挺水植物、浮水植物和沉水植物的合理搭配,水岸交界带增加了芦苇、荷花等种类,因而水生植物密度明显增加,不仅更美观,还为鸟类提供隐蔽处等功能。

(2) 修复前后的水面积和水质对比

一是水面积增加。通过对 1—6 号岛和 13 号岛的地形和面积的改造,中间水域面积增加约 3%,能有效防止河道堵塞,增加水体自净能力,并为水鸟提供了较为宽阔的活动环境。

二是水质有改善,但不如预期。通过与 2013 年同地点的水质取样的对比,泖港重要栖息地的水质在 2015 年虽然有所改善,但没有根本改变指标超标的局面,表现为水的透明度低和总含盐量(TDS)高。之所以出现这种情况,首先是栖息地周边的养殖塘和农田污染未彻底消除,其次是修复区域的水面仍在进行养殖。

(3) 修复前后的鸟类种类数量对比

根据相关监测结果,与修复前对比,泖港重要栖息地修复后的水鸟和其他鸟类的种数整体上升(图 4-9),上升率分别为 16%、42%;鸟类个体总数是修复前的 1.4 倍。其

图 4-9　在修复后的泖港重要栖息地越冬的水鸟群(2016 年 3 月)

中,白鹭、苍鹭、骨顶鸡、八哥、珠颈斑鸠数量明显增加,增加的鸟类有鸻鹬类、野鸭(多种)、小鸦、田鹬、火斑鸠、山斑鸠等。

4.1.2　嘉定区浏岛野生动物重要栖息地修复工程

4.1.2.1　基本情况

浏岛野生动物重要栖息地(以下简称"浏岛重要栖息地")位于上海市嘉定区浏河北侧的华亭镇双塘村。它北与江苏省太仓市浏河镇接壤,东与长江口相望,距长江口约6 km;其地理坐标为：东经 121°13′48″—121°14′30″,北纬 31°29′18″—31°29′42″。

浏岛重要栖息地的修复面积为 36.7 hm²,占浏岛总面积 93.6 hm² 的 39.21%(图 4 – 10)。浏岛的土地属性比较复杂,除约 10% 的水域和耕地外,其余为果园、林地、旅游和工业用地。浏岛重要栖息地的建设区域以生态林和近自然林为主,土地归嘉定区国资委所有。

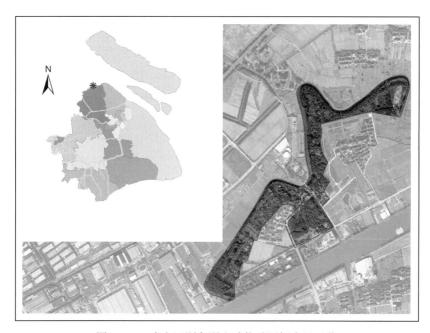

图 4 – 10　嘉定区浏岛野生动物重要栖息地区位

自 20 世纪 80 年代开始植树造林至 2014 年,浏岛已建成生态林 27 hm²,种植林木 84 种 10 万余株,形成银杏、桂花、罗汉松、樟、广玉兰、蜡梅、紫薇、水杉等林地 20 处。由于保留了群落多样、结构复杂的近自然林,加之起伏的地形,以及大量的浆果(女贞、樟、构树和胡颓子等)、稻田、果园和林地丰富的昆虫,浏岛为鸟类等野生动物提供了觅食、繁衍的生存环境,成为野生动物重要的栖息地和庇护所。

根据相关野生动物调查、监测和历史资料记载,浏岛此前分布有野生陆生脊椎动物93 种,包括两栖类 3 种、爬行类 5 种、鸟类 79 种和兽类 6 种,其中有 5 种国家重点保护野生动物和 8 种上海市重点保护野生动物。

4.1.2.2　问题分析与修复原则

（1）问题分析

根据修复前的调查评估,浏岛重要栖息地的修复区存在以下主要问题。

一是适宜的栖息地面积过小,类型单一。修复前的栖息地以高大的森林为主;保存和恢复较好的森林沿岛上老浏河分布,呈带状结构,但最大宽度不足 100 m,边缘效应明显（图 4 - 11）。由于清理过林下灌丛,灌丛类型林地少、面积小,再加上管理粗放,野生动物特别是鸟类多样性的提升受到限制。

二是人类活动频繁。开放式管理的浏岛是嘉定区主要风景区和上海市青少年活动基地之一,大批普通游客和青少年来此游玩和宿营,约 2/3 区域存在野外游憩、汽车越野等活动,同时北侧的江苏太仓境内养猪场和赛马场人员进出必定经过浏岛,这些活动都极大地影响了该栖息地作用的发挥。此外,由于保护的缺失,盗猎行为时有发生。

三是湿地偏少,水环境恶化。浏岛北缘的老浏河为岛上主要水面,但它是非通航河道,曾经长期处于无人管理状态,水藻和水葫芦暴发,河道淤塞,严重富营养化,缺乏开阔水面,水质差。

图 4 - 11　浏岛重要栖息地修复前林相
（2014 年 11 月）

四是植物群落较简单。部分林地原为单优种的苗圃,群落层次少,林下植物多样性低。此前的恢复措施是采取园林绿化方法,种植方式均一,缺乏多样性和自然化,有待优化。

五是栖息地的保护和修复缺少合理的总体规划。全岛本来是有机整体,但在面临土地所有权和使用权复杂、保护与开发存在冲突、土地利用方式不合理等情况下,缺乏保护和修复全岛栖息地、协调生活、生产、科普与旅游活动的总体规划。

（2）修复的原则

一是生态修复原则。根据群落学和食物链原理,增加栖息地的类型和食源植物,提高野生动物多样性。拟采用近自然方法,尽可能恢复栖息地的自然状态,避免其园林化。

二是可持续发展原则。修复目的是以栖息地优化和保护带动生态旅游和科普活动,最大限度降低保护与利用冲突,促进可持续发展。

三是长期坚持原则。群落动态演替和提升生物多样性都是长期的过程,需要科学规划、逐步建设和长期坚持,具体的修复措施必须与之相适应。

四是经济性原则。修复将以自然恢复为主、人工建设为辅,减少不必要的投入,实现栖息地生态的自我维持功能,降低后期维护成本。

4.1.2.3　修复的目标

项目以保护生物多样性和城市自然保留地为总体目标，通过总体规划、严格保护、科学修复和宣传教育，将浏岛修复区建设成以林地鸟类保护为主的野生动物重要栖息地和青少年自然环境教育基地。修复的短期目标是通过相关建设工程，改善水环境，修复湿地；增加食源植物和地被植物，补种灌木，提高植物多样性，并有助于鸟类等野生动物的栖息和繁衍；修建管护、监测和宣传教育设施，建立规范的管护制度，为开展宣传教育和有效管理奠定基础。修复的长期目标是通过科学修复和严格管护，使浏岛修复区成为上海市鸟类重要栖息地和城市自然保留地，以及知名度较高的乡土植物基因库、自然教育基地、生态旅游目的地和国际生态环境保护交流平台。

依照上述原则和目标，修复工程分两阶段实施。第一阶段（2013 年）开展栖息地本底调查，取得调查成果后完成修复方案编制；第二阶段（2014—2015 年）实施栖息地改造和相关保护设施建设（图 4 - 12，另见彩色图版 2）。

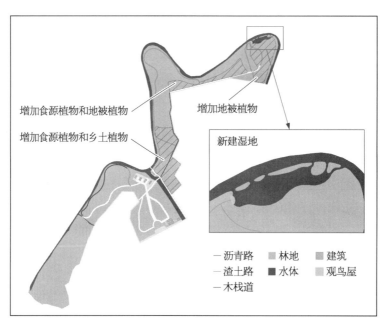

图 4 - 12　浏岛重要栖息地修复总体规划

4.1.2.4　主要做法

（1）湿地改造

一是清理老浏河部分河道。清理的面积约 8 000 m²，清理淤泥约 5 000 m³（因太仓市河道整治，本项目最终实际清淤量减少），沟通水系 1 000 m。

二是恢复湿地植物。恢复湿地植被 1 350 m²，种植芦苇、香蒲、水葱、茭（又称"茭白""茭草"）、千屈菜、再力花、荷花等挺水植物，以及睡莲、菱等浮水植物。

三是新增池塘湿地一处（图 4 - 13）。规划的新池塘水面 2 000 m²，水生植物种植区 3 200 m²。在该池塘中梯度种植水生植物，恢复底栖动物，放养乡土鱼类，为水鸟提供适合的环境。

图 4 - 13　新池塘的挖掘

（2）植被改造

一是灌草丛群落营造。在林木稀疏和空旷区域构建灌草丛群落,引种无花果、厚皮香、金丝桃、金丝梅、绣线菊、枸子、火棘、海棠、掌叶覆盆子、茅莓、伞房决明、胡颓子和小蜡等食源性和蜜源性植物,为鸟类提供充足的食物。

二是同龄林改造,优化林鸟栖息地结构。浏岛东侧的广玉兰-白玉兰-银杏群落基本为同龄林,群落层次结构简单,修复时适当疏伐和补种湿地松,并增加乡土树种,使其演替为植物多样性较高的异龄复层林(针阔混交林),为鸟类提供更好的栖息环境。

三是悬铃木苗圃改造。利用近自然林营建方法,将悬铃木苗圃改造为近自然的落叶阔叶与常绿阔叶混交林。引入本地常见的青冈、石栎、红楠、杜英等常绿树种,以及麻栎、栓皮栎、茅栎等落叶树种,以便吸引食果类动物。

（3）防护设施建设

一是防护围栏建设。为减少人类活动的干扰和破坏,在自然林保留区、自然林恢复区、人工林优化区和湿地营造区等地点建设防护围栏。

二是隔离墙(门)建设。通过修建或修缮隔离门、围墙和大门,将该栖息地与外界隔离,并控制无关车辆和人员的随意出入。

三是生态缓冲带建设。采用攀缘植物和蔷薇科的带刺植物建设生态化围栏,既具备防护屏障作用,又增加食源植物,还营造不同植被类型。此外,在部分围栏外侧种植宽5～10 m 的林带,并在老浏河靠近太仓一侧建设宽 50 m 的生态隔离林带。

（4）保护、科研与宣教设施建设

一是监测步道、观鸟屋(台)建设。在自然林保留区、自然林恢复区和人工林优化区设置监测步道，其中林下步道采用道砟材料，临水步道架设木栈道，并分别设置观鸟屋和观鸟平台一处。

二是野外视频监控系统建设。设立视频和音频监控探头，通过红外摄像记录鸟类等野生动物活动及繁殖状况，并通过无线传输音像至科普教育室进行实时展示。

三是建立科普教育展示室。展示内容有动植物标本、宣教片播放、科普动画、宣传展板和宣传资料。在主要位置设立温湿度和负离子传感器，传输到电子屏进行展示，让人了解该栖息地中不同环境的特点。在栖息地内部、步道和出入口等处设置展示（导向）牌和播放器，传播动植物和生态知识。

4.1.2.5　主要成效

通过相关生态修复工程和保护管理建设，浏岛重要栖息地取得如下主要成效。

一是全面掌握栖息地中野生动植物家底。

二是完成栖息地保护管理的规划。依据本底调查成果，设定栖息地中的监测样带（点），定期开展监测，系统掌握野生动植物的动态变化，为科学修复和有效保护奠定基础。

三是对栖息地实行封闭管理。建立了隔离围网（墙、林）、门卫、监控视频和警示标志等技防设施，对浏岛重要栖息地实行全封闭管理，有效地防止破坏环境、偷猎野生动物等人为干扰活动。

四是维护了栖息地的生态平衡。修复后的调查和监测记录到猛禽5种，因其处于食物链顶端，需要大量其他野生动物作为支持其生存的食物资源，对栖息地有极高要求，是生态系统平衡指示类群，反映出浏岛的生态平衡得到良好的维护和提高。

五是该栖息地成为重要的鸟类保护地。据2014—2015年的调查，浏岛重要栖息地共记录到97种鸟类（比以前增加18种），例如数量较多的白头鹎、珠颈斑鸠、山斑鸠、麻雀、丝光椋鸟、乌鸫、灰喜鹊。

六是成为青少年自然教育基地。随着科普教育展示厅、栖息地科普步道、观鸟屋（台）的建成、温湿度和负离子传感器的数据实时展示，以及宣教展板系统等设施的使用，该栖息地日益成为青少年开展自然教育的大课堂。

4.1.3　宝山区陈行-宝钢水库周边野生动物重要栖息地修复工程

4.1.3.1　基本情况

陈行-宝钢水库周边野生动物重要栖息地（以下简称"宝钢重要栖息地"）位于上海市宝山区罗泾镇北端，与江苏省太仓市毗邻。它处于宝钢水库与石洞口灰库（发电燃煤灰炭堆放地）之间，其地理坐标为：东经121°19′30″—121°22′16″，北纬31°28′46″—31°30′23″。

宝钢重要栖息地面积约300 hm²，土地覆盖类型为滩涂湿地、库塘湿地和林地，其中修复工程的主要施工区域面积约13.33 hm²（图4-14）。该处滩涂因未成陆，不纳入土地管理，因而由水务部门管理，其中本项目约有2.67 hm²滩涂获得水务主管部门的使用许可证。该栖息地周围区域是罗泾水源涵养林和罗泾沿海防护林，属集体耕地流转后造林，林地管理职责赋予宝山区农业委员会所属的宝山区林业站。

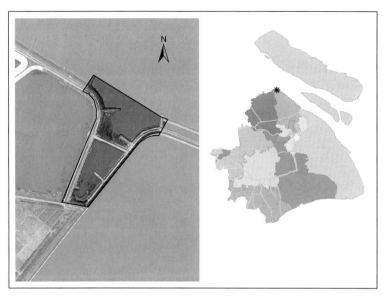

图 4 - 14 宝山区陈行-宝钢水库周边野生动物重要栖息地区位

2006 年原国家林业局批准并公布陈行-宝钢水库为国家级陆生野生动物疫源疫病监测站。宝山区林业站设专人对当地的野生动物进行监测和管护,特别是在冬候鸟迁飞季节,加强林地巡护,制止捕(毒)杀鸟类的活动,并在醒目位置设置野生动物保护警示牌。该栖息地部分区域(如宝钢水库周边)有围栏设施,人类干扰较少。

在该栖息地范围内,本底调查共记录到高等植物 27 科 105 种。陈行-宝钢水库四周堤岸以樟类为优势物种。宝钢水库的苗圃内多为乔灌木混杂,水源涵养林内以樟类为主。沿海防护林以落羽杉和柚(文旦)为优势种,沿江岸大堤外以蘆草和芦苇为优势种。

宝钢重要栖息地的本底调查记录到鸟类 9 目 15 科 50 种,数量较多的类群为水鸟,例如白鹭、斑嘴鸭、绿翅鸭、凤头䴙䴘;其他鸟类有珠颈斑鸠、喜鹊和黄腰柳莺等。该栖息地还监测到潮间带大型底栖动物 22 种,其中潮间带优势种为无齿相手蟹、中华东方相手蟹、谭氏泥蟹、堇拟沼螺、河蚬;潮下带优势种为中华绒螯蟹、狭颚绒螯蟹和日本沼虾。

4.1.3.2 问题分析与修复对策

(1)问题分析

根据本底调查和其他资料综合评估,宝钢重要栖息地存在以下几个方面的问题。

一是生态环境退化。现有植被的物种组成较为简单,地表灌草类植被发育差,不利于鸟类栖息和繁衍(图 4 - 15)。

二是滩涂湿地面积小,环境质量差。水体联通性和水质都比较差,水生植被群落演替不完全,水生植物群落结构简单,多样性较低(图 4 - 16)。与长江口其他湿地相比,宝钢重要栖息地的湿地生物多样性低 50%,环境相对退化,难以为鸟类提供足够食物,导致鸟类尤其是水鸟种类、个体数量都很低。

图 4 - 15   修复前的宝钢重要栖息地远眺(2015 年 10 月)

图 4 - 16   修复前的宝钢重要栖息地的湿地环境(2015 年 10 月)

三是周围工农业生产等人为干扰因素多。水库和灰库的施工及周边人类活动,影响了鸟类的栖息和繁殖。由于地处两省交界区域,双方保护部门合作还不够充分,对野生动物及其栖息地保护力度相对薄弱,捕杀、贩卖野生动物的活动屡屡发生。

（2）修复对策

针对上述问题,宝钢重要栖息地修复的总体思路,是以保护生物多样性尤其是水鸟多样性为优先原则,生态修复与生物多样性保护相结合,通过生态修复提高栖息地质量,营造水鸟庇护所。

4.1.3.3   修复目标

根据本底调查结果和当时环境状况,宝钢重要栖息地是雁鸭类、鹬鸻类等越冬鸟类的重要栖息地。因此,修复的目标是:通过栖息地改造,改善区域生态环境,提升湿地生态系统质量和生物多样性,提高生态环境稳定性;完善食物链,为鸟类提供干扰少、可持续的栖息环境;目标类群(雁鸭类、鹬鸻类等水鸟)数量有明显增加,力争出现稳定的种群。同时,由于该栖息地的保护管理涉及水务、林业等部门,还应探索建立多部门或利益相关方的共管机制,创新后续管理机制,固化栖息地修复成果。

宝钢重要栖息地的修复目标分为短、中、长三期实现。短期目标是:在 3 年内(2015—2018 年)建成雁鸭类和鹬鸻类的庇护所,完成湿地改造,营造适合水鸟栖息、觅食和繁殖的小环境,吸引更多候鸟栖息、繁衍,生态环境明显改善,并初步形成多部门或利益相关方共管机制。中期目标(到 2025 年的 10 年内)是:优化更大面积的湿地,建立良好的水鸟栖息环境,形成稳定的野生动物栖息地,建立水鸟收容救助站和湿地环境教育基地,形成成熟的长效管理机制。长期目标(到 2030 年的 15 年内)是:将该栖息地建成全市野生动物重要栖息地示范区。

4.1.3.4　主要做法

宝钢重要栖息地的修复分为水鸟栖息地的建设和长效管理机制的建立两个部分。

(1) 水鸟栖息地建设

通过生态修复,在沿江的凹形区域营造雁鸭类和鹬鸻类的适宜栖息地(图 4 - 17,另见彩色图版 3)。

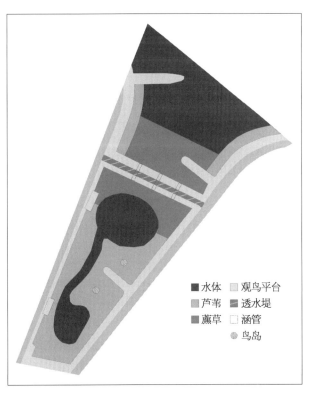

图 4 - 17　宝钢重要栖息地修复总体规划

栖息地建设的具体工程包括如下五个方面。

一是建设堆石坝体。堆石坝体将栖息地与江水隔开,形成与江水阶段性联通(高潮位时联通)、相对隔离的湿地,使其在高潮位时能防浪,有效防止潮位急遽涨落的冲击;在低潮位时能保有一定水位，为湿地补充水源(图4-18)。为控制坝体内水位，在不透水的坝底设置连通管，连通管有挡水闸，平时封死，在调节水位时启用(图4-19)。

2015年12月工地

2016年7月场景(俯拍)

2017年3月工地

图4-18　宝钢重要栖息地堆石坝体建设场景

图4-19　宝钢重要栖息地坝底的连通管及其挡水闸

二是重新塑造坝体内部的地形。具体措施包括清淤平整、清除外来物种互花米草和开挖 1 hm² 左右的池塘。池塘投放鱼类、底栖动物（蟹等），以招引鸟类并为其提供觅食环境。池塘内建立两个鸟岛，鸟岛上保留光滩。鸟岛既是水鸟的繁殖、栖息场所，又可作为生物礁为底栖生物营造良好的环境，从而恢复底栖生物食物链，为水鸟提供更多的食物。

三是开挖一条回形的潮沟。该潮沟与池塘连通且向内蜿蜒，宽 6 m，长约 220 m，使整个栖息地无论在丰水季节还是枯水季节，始终保持面积约 0.6 hm² 的开阔水面。

四是优化水鸟栖息地的植被。在池塘和潮沟的底部种植沉水植物苦草，在池塘和潮沟两侧种植芡实、白茅等挺水植物，其他水面种植芦苇，以此增加水鸟栖息地的植物多样性，形成有利于水鸟生存的湿地生态系统。

五是沿江外围滩涂的鸟类生态恢复区建设。本项目地处长江边，堆石坝外围仍有部分区域为自然滩涂湿地，但退化比较严重。通过对这些区域的生态改造，清除入侵物种互花米草，在岸坡种植芦苇，在更深处种植薹草等本地典型的湿地植物，改善湿地生态环境，使其作为生态缓冲区，有效缓解长江水环境急剧变化对水鸟栖息地的影响。

（2）栖息地长效管理机制建设

一是边界标识系统建设。划定宝钢重要栖息地边界四至保护区，设立明显的警示标志，包括宝钢重要栖息地的界碑和界标。除了利用水库现有围栏，还在沿江堤岸增设围栏，在沿江水面设置警示设施，并建设实时录像监控系统。

二是宣传教育设施建设。在水鸟栖息地的堤坝平台上建立观鸟平台，在通向宝钢重要栖息地的廊道两侧、水鸟栖息地围栏和观鸟平台区域设置鸟类保护宣传牌。

三是开展环境和生物多样性监测。基于该栖息建设成果，制订了为期 3 年的监测计划，对栖息地的土壤、水质、植被和鸟类进行监测，以此对项目建设成果进行评估。

四是建立长效管理工作机制。由宝山区林业站负责牵头，协商宝钢水库，租用后者门卫室安装监控设施，并聘请水库门卫兼职对设施进行维护管理。每半个月宝山区林业站工作人员对宝钢重要栖息地进行一次巡护，除了检查区内植被生长和水位变化情况，还到周边居民区宣传鸟类保护，防止捕鸟毒鸟事件发生。

4.1.3.5　主要成效

宝钢重要栖息地自修复工程启动以来，开展了为期 3 年（2013—2016 年）的野生动植物监测，从三个方面评估修复工程的成效。

（1）鸟类的变化

2016 年修复工程完成后，监测发现白鹭、白腰草鹬、青脚鹬等水鸟数量明显增加。据分析，这是因为修复区不仅恢复了芦苇和薹草植被，还种植睡莲、茭等，让水面保持相对稳定，对鸟类吸引力增加，因而栖息地恢复取得积极效果。

（2）植被的变化

该栖息地的植被总体上趋向适宜鸟类栖息的良性方向发展。在修复后，芦苇和薹草成为栖息地中水塘和沟渠内的优势物种，坝体周围的植被也出现一定程度的恢复，为水鸟提供良好的栖息环境。

（3）底栖动物的变化

该栖息地修复后,大型底栖动物群落逐渐恢复。例如,潮间带优势种无齿相手蟹和中华东方相手蟹、潮下带优势种中华绒螯蟹和狭颚绒螯蟹的数量均明显增加。

4.2　蛙类重要栖息地的修复

4.2.1　闵行区浦江蛙类等野生动物重要栖息地修复工程

4.2.1.1　基本情况

浦江蛙类等野生动物重要栖息地(以下简称"浦江重要栖息地")位于上海市闵行区浦江镇的上海鲁汇苗木基地场内。它地处大治河以南、浦星公路以西、永南路以北、金闸公路以东,地理坐标为:东经 121°30′07″—121°30′31″,北纬 31°00′28″—31°00′42″(图 4 - 20)。

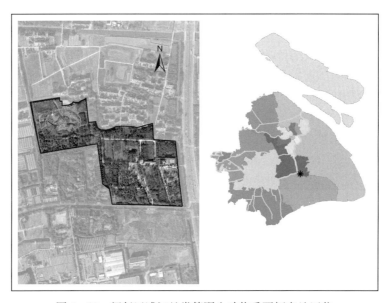

图 4 - 20　闵行区浦江蛙类等野生动物重要栖息地区位

浦江重要栖息地占地 19 hm²,修复前苗木面积 16.47 hm²,水域面积 2.53 hm²;土地覆盖类型为人工林地。该栖息地的林地权属于浦江镇都市农业发展有限公司并由其养护,管理机构是闵行区浦江镇农业服务中心。

根据本底调查,修复前浦江重要栖息地常见木本植物 53 种,草本植物 31 种,水生植物和农作物均不足 10 种。动物方面,修复前该栖息地的两栖类有中华大蟾蜍、泽蛙、金线蛙、黑斑蛙和饰纹姬蛙共 5 种,数量为金线蛙＞泽蛙＞黑斑蛙＞中华大蟾蜍＞饰纹姬蛙;鸟类观察到白鹡鸰、白头鹎、白鹭、夜鹭、池鹭、麻雀、珠颈斑鸠、棕背伯劳和家燕共 9 种;爬行类仅发现赤链蛇;底栖动物有螺类等。

4.2.1.2　问题分析与修复对策

根据前期调查和评估,浦江重要栖息地修复区的主要问题和相应的修复对策思路如下。

一是植物群落结构简单,乔木优势种单一,缺乏灌木和草本植物;林下植物少,导致无脊椎动物少,不利于两栖类的觅食。相应的修复对策是:① 改造地表植被和水生植被,提高初级生产力;② 完善食物链,提高生态系统的稳定性;③ 增加植被的空间层次。

二是栖息地内水系缺乏,水域面积较小,多干旱无水。相应的修复对策是:① 开挖沟渠,沟通外界水系,连通内部沟渠,增设抽排水设施,增加净水设施,形成完整的进排水系统,能够及时有效地调控水位;② 拓宽原有芦苇荡,增设缓坡,建立生态驳岸,增加浅水区域,形成沼泽湿地;③ 建设林下生态沟渠,设置一定高度的泥质田埂,保持一定的林下沟渠存水。

三是野生动植物较少,生物多样性低。总体上,水生植物种类少,缺少沉水和浮水植物,不利于两栖类的生存,特别是不利于黑斑蛙和金线蛙的生存;芦苇荡中水生动物缺乏。相应的修复对策是:① 恢复乡土湿生植物,种植挺水植物(如芦苇和香蒲)、浮水植物(睡莲和萍)、沉水植物(苦草、眼子菜、狐尾藻等);② 适当放养底栖动物(螺类和蟹类)、乡土鱼类等水生动物。

四是人为捕杀(捞)严重。栖息地内存在捕捞田螺的现象,捕捉青蛙、蛇、野鸡、黄鼬也较为严重,导致野生动物数量严重下降。相应的解决对策是:① 设置防护围栏,减少人类活动的干扰和破坏;② 制定相关规章制度,做好管理和宣传工作。

五是水质污染。周边农业使用农药和化肥,导致栖息地内的水质污染,水体富营养化;芦苇荡由于水浅,流动性差,水质较差,影响到蛙类的生存。相应的修复对策是加强周边区域环境治理,增加净水设施,及时监测水质。

六是道路系统不完善。相应的对策是:① 完善道路系统,设置一定的林下人工步道;② 拓宽过窄的道路,并形成闭合环路。

4.2.1.3　修复目标

浦江重要栖息地修复的总体目标是成为以蛙类保育为主题,兼具科普教育,全方位、多目标、复合功能的上海蛙类重点保育中心。修复的具体目标是:① 充分利用现有条件,针对两栖类对环境的要求,通过栖息地的总体规划和有序改造,建立以蛙类保护为主题的野生动物栖息地;② 强化浦江重要栖息地的江南水乡文化特色,形成以"荷香蛙鸣"为特色主题的上海市民科普教育中心,让人们了解动物保育知识,推动人们参与自然保育,带动科普与生态旅游的发展,促进野生动物保护与生态文明建设和社会经济可持续发展相融合。

按照"一次规划,分步实施"要求,浦江重要栖息地修复的短期目标(3 年内)是改造湿地,营造适合蛙类栖息、觅食和繁殖的小环境,生态环境明显改善的目的。修复的长期目标是让浦江重要栖息地成为上海市重要的湿地修复示范区。

4.2.1.4　主要做法

(1) 设立蛙类保育核心区

蛙类保育核心区为浦江重要栖息地中蛙类的生存和繁衍提供保障,既是它们的繁殖地、觅食地和越冬地，又是重引入和扩散的基地。该核心区总面积约 5 hm²，包括保育生态塘、保育沼泽湿地与保育生态水道、生态小岛和水畔绿地，以及环湖步道和木栈桥（图 4 - 21，另见彩色图版 4）。

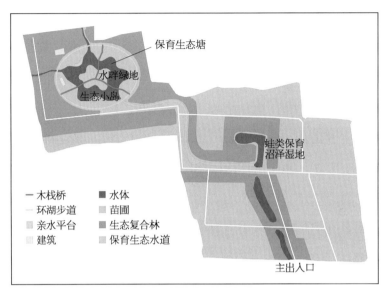

图 4 - 21　浦江重要栖息地修复总体规划

保育生态塘建设是蛙类保育核心区修复的主要内容，其具体措施为：开挖沟渠以便与外界水系沟通；设置净水设施；设置生态驳岸；种植水生植被，包括乡土挺水植物和浮水植物。

生态小岛由开挖水系获得的泥土堆积而成，地势较高，视野开阔。小岛的岸边设置生态驳岸，增加浅水区域；岛上配置环境教育亭和木栈桥。

水畔绿地是在保育生态塘外围设置的草坪。

环湖步道建在绿地外围，旁边种植少量环境教育用途的景观树。它隔离生态复合林，并通过其他步道与生态保育塘连接。

保育沼泽湿地沟通它周边的水系，增加了水域总面积，营造适合蛙类栖息的小环境。它设有生态驳岸，并在保留部分芦苇的同时种植沼泽水生植被。

蛙类保育核心区的外围设置生态复合林。

（2）建立滨水蛙类保育绿轴

浦江重要栖息地的生态绿轴是滨水的蛙类保育绿轴。它作为蛙类扩散通道，连接两个蛙类保育区域（保育生态塘、保育沼泽湿地），为蛙类创造多样的栖息环境。生态绿轴的水面约 0.67 hm²，主要建设内容包括：① 沟通水系；② 改造原有沟渠，建立生态沟渠、生态驳岸；③ 扩大缓坡面积，增加浅水区域；④ 种植挺水植物（例如芦苇、香蒲）、浮水植物（睡莲）、沉水植物（例如苦草）等水生植物，并适当放养底栖动物和乡土鱼类（图 4 - 22）。

（3）土地平整与地形塑造

一是完善绿地的排水系统。因为施工现场为苗圃地改造，在不影响现有植物正常生

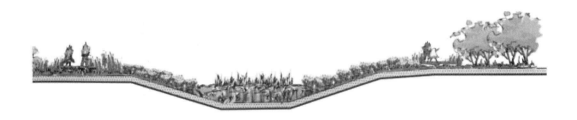

挺水植物	水生蔬菜	沉水/浮水/挺水植物	水生蔬菜	耐湿乔灌草
芦苇	水芹、慈姑	藻类、菱、荇菜、蒲草、香蒲、睡莲、苦草	水芹、慈姑	水杉、枫香、女贞、杨梅、火棘、马蹄金、白车轴草

图 4 - 22　浦江重要栖息地生态绿轴剖面示意

长的情况下,结合道路与水系走向进行土方驳运,使绿地形成自然排水能力,从而杜绝积水,并就近平衡土方。

二是改善局部小气候。蛙类是变温动物,对生存环境依赖性和定居性都很强,每种蛙都有自己特定的栖息和繁殖条件。修复工程将对地形进行改造,增加朝南的坡向,满足不同蛙类对光照和温度的要求。

三是建立蛙类适宜的小环境。例如,建立水深不超过 0.5 m 的浅滩,使地面比较平缓,有浮水植物和沉水植物生长。

四是建立小型水域,这考虑到蛙类均偏好小型水域的习性。

（4）水系调整与沟通

水系方面的主要建设内容包括:① 建立引水沟渠,与外界水系沟通;② 新建的保育生态塘通过水系调整具有一定的明水水面;③ 新建的保育生态水道设置生态驳岸(图 4 - 23);④ 保育沼泽湿地进一步优化;⑤ 新建林下生态沟渠,通过水系调整具有一定的浅水面积。

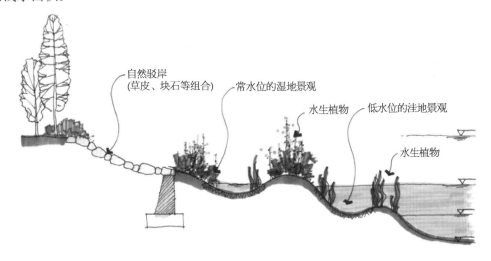

图 4 - 23　浦江重要栖息地生态驳岸设计示意

（5）植被改造与恢复

一是生态复合林的改造。具体改造的内容是：① 调整现有林地的树种配置，增加林地的植物多样性；② 将原有人工林抽稀 80%，只保留 20%；③ 设法使整体布局具有空间梯度，形成"乔木林—灌木林—草地—林下沟渠—挺水植物带—浮水植物带—沉水植物带"的水平分布格局，为不同蛙类提供多样、良好的环境。

二是营造生态野趣和教育通道。在保育生态塘外围、保育沼泽湿地外围、保育生态水道的坡肩和主干道两侧都建设林下人工步道，步道沿途再设置展示牌和休息站，将其作为科普教育通道。

三是改造原有林下沟渠，设置生态缓坡，改造面积约 2.67 hm²。

四是水生植物的配置。通过种植香蒲、菰、睡莲等乡土水生植物，人工配置湿地植物群丛，其中香蒲群丛为主导群丛，菰和睡莲为伴生群丛。

（6）宣教和监测系统建设

栖息地的边界、外围、通向保护小区的廊道两侧和观鸟平台区域设立指示牌、保护宣传展板、科普教育版。

4.2.1.5　主要成效

根据工程结束后的监测和评估，浦江重要栖息地修复主要取得如下几个方面的成效。

一是形成多个适宜蛙类栖息的小环境，包括沼泽湿地、生态复合林、乔木林、生态塘、湖畔绿地、自然水体等。这些小环境分别承担不同蛙类生活史中生长或扩散的通道、食源等功能，例如生态复合林和沼泽湿地中昆虫丰富，成为蛙类理想的觅食地。

二是栖息地中的蛙类密度增加，分布集中。监测发现，保育生态水道内蛙类的种类和数量很高，这说明水生植被多样的水道和草本植物丰富的驳岸都适宜蛙类生存。不同类型的小环境相比，保育生态塘的蛙类密度最高，据分析这主要是因为该区域在改造后恢复了原有的植被。此外，生态复合林下的沟渠也提供了适宜的水环境，在此活动的蛙类主要为饰纹姬蛙和中华大蟾蜍。

三是蛙类保育效果呈现，为建成蛙类种群扩散和复壮的种源地和上海蛙类重点保育中心奠定了基础。

四是强化了浦江重要栖息地的江南水乡文化特色，与浦江郊野公园相衔接，逐步形成以"荷香蛙鸣"为主题的上海市民环境教育中心。

4.2.2　青浦区朱家角虎纹蛙等野生动物重要栖息地修复工程

4.2.2.1　基本情况

朱家角虎纹蛙等野生动物重要栖息地（以下简称"朱家角重要栖息地"）位于青浦区朱家角镇张马村南部，距离朱家角景区 6 km，与 A9 高速公路和 318 国道相邻，水陆交通方便。它东临西长港，西至东泖河，北连莫家浜村，南起松江区小昆山镇汤村，其地理坐标为：东经 121°05′10″—121°05′24″，北纬 31°01′41″—31°01′59″。

朱家角重要栖息地总面积 12.77 hm²，修复前有水稻田 6.13 hm²、池杉林 5.9 hm² 和针阔混交林 0.74 hm²（图 4-24）。栖息地的土地覆盖类型以人工林地和水稻田为主。该栖息地行政区域属于青浦区朱家角镇,所在区域林地的主管部门是青浦区林业站,土地属于集体所有。

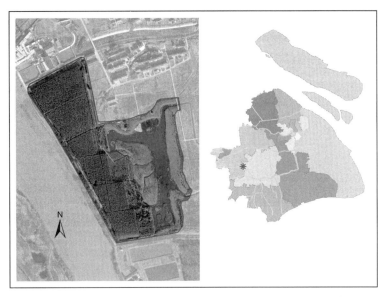

图 4-24　青浦区朱家角虎纹蛙等野生动物重要栖息地区位

改造前的动植物资源本底调查结果显示,朱家角重要栖息地有乔木 9 种,其中包括常绿阔叶树 3 种(樟、女贞和木莲)、落叶阔叶树 4 种(构树、榔榆、白杜和枫香树)和针叶树 1 种(池杉);灌木 7 种,分别为海桐、桂花、木防己、扶芳藤、石楠、栀子花和薜荔;草本植物 48 种,主要有猪殃殃、一年蓬、波斯婆婆纳、早熟禾、千金子和卷耳。

朱家角重要栖息地的动物资源中,修复前的本底调查记录到鸟类 29 种,隶属 19 科 23 属;按生活习性分,其中非水鸟 25 种,水鸟 4 种;按照迁徙习性分,留鸟 24 种,冬候鸟 4 种,旅鸟 1 种。本底调查还记录到两栖类 5 种,隶属于 3 科 4 属,分别为饰纹姬蛙、泽蛙、黑斑蛙、金线蛙和中华大蟾蜍;爬行动物 1 种,为赤链蛇;昆虫 42 种,隶属 9 目 3 科,其中种类丰富、数量较多的鞘翅目和半翅目昆虫皆为虎纹蛙的主要食源动物。

4.2.2.2　问题分析与修复对策

(1)问题分析

经对本底调查结果的分析,朱家角重要栖息地主要存在如下几个方面的问题。

一是植物组成简单,多样性低。

二是植被结构较单一。具体表现在:60%以上的面积分布的是池杉纯林;群落的垂直结构多数仅为一层。

三是水生植物种类少。该栖息地的水生植物主要为芦苇、黑藻和喜旱莲子菜。

四是存在生物入侵种。调查共发现喜旱莲子草、加拿大一枝黄花、波斯婆婆纳和一年蓬入侵。

五是紧邻居民生产生活区。该栖息地附近有一处居民区,池杉林北侧有家禽养殖池塘,居民活动干扰较大。

六是偷猎。本底调查时,发现该栖息地内有 5 张捕鸟网,偷猎野生动物现象较为严重。

（2）修复对策

修复项目的总体对策是：① 通过对栖息地的营造,使朱家角重要栖息地兼有野生动物（尤其是鸟类和蛙类）栖息地和生态环境教育的功能；② 分析有可能重引入的蛙类和鸟类,为它们构建食源和隐蔽空间。

4.2.2.3　虎纹蛙重引入和水雉招引可行性评估

（1）虎纹蛙重引入的可行性评估

一是虎纹蛙的生物学特性。虎纹蛙隶属无尾目蛙科虎纹蛙属。虎纹蛙偏好坡度较小的地形,常生活于地表基质类型为淤泥和细沙的水田、沟渠、水库、池塘、沼泽,以及附近的草丛;栖息水域主要为静水,要求流速较缓、深度较浅、水质较好、温度较高。雄蛙具有一定的领域特征,即使在密度较大的地方,彼此间也有 10 m 以上的距离。虎纹蛙的食物种类很多,主要以鞘翅目、半翅目的昆虫为食,还吃蜘蛛、蚯蚓、多足类、虾、蟹、泥鳅等动物尸体,甚至吃泽蛙、黑斑蛙等蛙类和小家鼠。它们白天穴居,夜晚活动。虎纹蛙蝌蚪的天敌主要是昆虫,幼蛙和成蛙的主要天敌是蛇和鼠。生长、繁殖和冬眠的温度最适范围分别为 25~30℃、25~28℃、8~15℃。

二是虎纹蛙为亟待保护的濒危种类。虎纹蛙野生种群在自然和人为的干扰下不断下降,致危因素主要是种间竞争（尤其是外来入侵种）、栖息地的破坏（如农田灌溉、杀虫剂污染）和过度捕捉。虎纹蛙现在属于濒危物种,也是国家二级保护野生动物。

三是虎纹蛙重引入的可行性分析。青浦区夏秋季平均温度为 21~28℃,冬、春季平均气温分别为 4~12℃和 6~14℃之间,满足虎纹蛙的摄食、生长繁殖和冬眠的温度需要。张马村农田在 5—10 月主要以稻田为主,加之其周围的林下沟渠众多,并与太湖水系相通,形成了广阔的水网地带,水生动物种类丰富,比较适合虎纹蛙的生存。

此前进行的虎纹蛙专项调查表明,虎纹蛙在上海的分布主要在西北及东南地区,青浦区西部的淀山湖地区也有发现。根据此前调查结果,青浦区范围内虎纹蛙历史存在量约 2 550 只。

以上分析表明,朱家角重要栖息地适合虎纹蛙繁殖和生长,可从本市其他栖息地引种和扩繁,增加本地虎纹蛙的种群。但重引入时需注意虎纹蛙性凶猛,无论是成体还是蝌蚪均以活的动物为主要食物,并会互相残食,应一次性释放足量同规格的个体。

（2）水雉招引的可行性评估

一是水雉生物学特性。水雉隶属鸻形目水雉科水雉属,被誉为"凌波仙子"。水雉对栖息地的要求比较高,主要在有芡实、睡莲、莲、菱等浮水植物或茂密的沉水植物的湖泊或水田觅食、筑巢,其中芡塘是最适宜水雉生存和繁衍的环境（图 4 - 25）。水雉杂食,食谱很广,但以动物性食物为主,包括昆虫、螺、蛙、小鱼、虾蟹,偶尔吃一些植物种子或花蜜。

二是水雉保护迫在眉睫。水雉在我国分布范围正在逐渐缩小,数量已非常稀少。台湾在历史上曾广泛分布水雉,近年来已不足百只;安徽百荡湖、湖南洞庭湖等水域也只有

图 4-25　在青浦区朱家角某湿地的芡叶上孵卵的雄水雉(2020 年 8 月)

零星的个体被发现;广东肇庆鼎湖区沙浦镇及周边地区盛产芡实,在 2010 年 7 月尚有 389 只,但到 2012 年 7 月时也只统计到 240 只。水雉被列入《国家保护的有益或者有重要经济、科学研究价值的陆生野生动物名录》[①]。

　　三是水雉招引的可行性分析。水雉是上海地区的夏候鸟,但较为少见。2013 年 8 月,原上海市野生动植物保护管理站监测人员在淀山湖区发现在大莲湖中聚集着 18 只水雉,栖息于菱、水葫芦(凤眼蓝)等浮水植物上。淀山湖区与张马村相距 12.7 km,为张马村水雉的招引提供了可能。但在修复前,张马村的野生动物栖息地以稻田为主,难以满足水雉的栖息需要。

　　4.2.2.4　修复目标

　　朱家角重要栖息地修复的总体目标是通过改造,营造野生动物适宜的栖息环境,招引(重引入)水雉和虎纹蛙,并建成良好的生态环境教育平台。修复的短期目标(从 2015 开始的 3 年内)是:① 改造栖息地,营造适合虎纹蛙和水雉栖息、觅食和繁殖的环境;② 虎纹蛙数量稳定在原始投放数量的 10% 左右,水雉的数量从无到有。修复的长期目标(5~10 年)是:① 形成稳定的以虎纹蛙和水雉为目标物种的野生动物群落,进一步完善该野生动物栖息地;② 发挥该重要栖息地保育功能的同时,使当地的自然—社会—经济利益协调发展,成为人与自然和谐发展的示范区之一。

　　4.2.2.5　主要做法

　　依照朱家角重要栖息地修复的实施方案,修复的主要做法为下面几个方面。

　　(1) 总体功能分区

　　根据相关修复规划,朱家角重要栖息地分为多个区域,其中核心地带包括观鸟区(兼环境教育区)、虎纹蛙保育基地、水雉保育基地;外围有水生植物隔离带和农业蔬菜保护

---

① 在 2021 年 2 月 5 日公布的调整后《国家重点保护野生动物名录》中,水雉被提升为国家二级保护野生动物。

小区(图 4 - 26,另见彩色图版 5)。

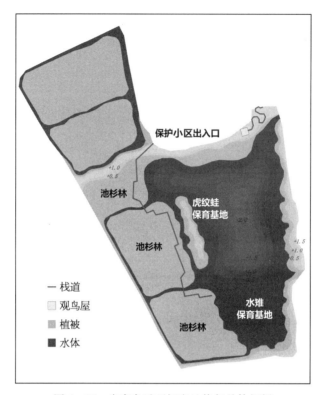

图 4 - 26　朱家角重要栖息地修复总体规划

（2）地形重塑与改造

朱家角重要栖息地承担水雉、虎纹蛙的重引入和保育,要与周围环境隔离和调控水位。因此利用周边地区疏通水渠和开挖池塘的土方,在东、北、南面筑堤,西侧利用青浦与松江界河的堤坝。坝体临湖一侧形成缓坡,另一侧形成陡坡,从而为野生动物提供隐蔽、多样的栖息环境。坝体顶部宽 2.5～3.5 m,为布置道路预留空间。

（3）水系调整与改造

修复区内挖土造湖,不仅提升景观多样性,还将为水雉等水鸟提供适宜的栖息场所(图 4 - 27)。湖面 57 651 m²,最深处设计为 1.5 m,大部分为 0.5～1.0 m 的浅水区,地势西高东低。湖西堆土成岛屿,作为虎纹蛙保育基地。湖边设置泵房,用于调节水位。

（4）植被调整与改造

最大限度保留池杉林,营造集湿地森林和野生动物保护为一体的湿地生态林(图 4 - 28)。同时,在林中开设 3 个面积为 20 m×20 m～30 m×30 m 的自然形状林窗,提高林下植物的丰富度。

在人工堤坝种植乌桕等乡土树种,在湖岸线区域种植芦苇、荻等水生植物。在湖的东南面种植 760 m² 左右的芡实,为水雉提供栖息地。在湖体的各个进出水口种植净水性能较高的黑藻、苦草等沉水植物。

收割后的空置稻田（2014年12月）

土方挖掘（2016年3月）

湿地形成（2018年9月）

图4-27　朱家角重要栖息地水体的营造

图4-28　朱家角重要栖息地的池杉林

（5）虎纹蛙保育岛生境营造

在虎纹蛙保育基地（岛屿）处，植物的林相层次为：上层以垂柳为主，下层种植枸骨等本土灌木。

将针叶阔叶混交林改造区40％左右健康状况良好的植物，如女贞、桂花，分散移栽于堤坝作为植被的上层。堤坝植被的中层以乌桕、杨树为主，并适当增加小蜡等耐涝灌木。堤坝西侧中层补充杨树，有利于增加虎纹蛙的食源性昆虫；下层以芦苇为主，在靠近河岸处种植菰、慈姑、泽泻等。水陆过渡地带以"芦苇—菰—慈姑—竹叶眼子菜"的配置方式为主，辅以黑藻—芦苇—三白草—灯芯草群丛和竹叶眼子菜—慈姑—泽泻—芦苇—三白草群丛。

（6）生态环境教育区建设

生态环境教育区由池杉林教育区和鸟类栖息地观赏区两部分构成，内容丰富、形式多样，集科学性、观赏性于一体。池杉林环境教育区面积约 3.07 hm²，其中针叶林保留，改造集中在周围的水渠，其具体做法是：① 拓宽、加深水渠；② 建立生态护岸和缓坡，让部分池杉在水位稍涨时被淹，形成与其他地方相异的景观；③ 对水渠适当弯曲，使之近似于自然河道；④ 改造池杉林边缘，使之有一定的坡度。

池杉林区域建设木栈道，方便近距离观赏池杉林的动植物（图4-29）。沿途宣传牌，介绍栖息地的生态系统及其功能，以及栖息地沿革、土地利用等（图4-30）。

图4-29　朱家角重要栖息地的木栈道

鸟类栖息地观赏区建设观鸟屋，其所在位置为观看水雉行走于睡莲、荷花、芡实等浮叶植物上的最佳位置（图4-31）。

4.2.2.6　主要成效

根据改造工程结束后的监测评估，朱家角重要栖息地修复取得如下主要成效。

一是基本形成适宜蛙类和水雉等动物栖息的环境。

图 4 - 30　朱家角重要栖息地的宣传牌

图 4 - 31　朱家角重要栖息地的观鸟屋

　　二是植物群落组成丰富度增加。与修复前对比,该栖息地增加了水生植物,植物群落在水平分布和垂直结构上都明显更丰富。

　　三是陆生脊椎动物的种类和数量增加。经过监测,修复后目标鸟种数量有所提升,水鸟种类明显增加,多记录到鸟类 13 种。种植的芡实招引水雉效果良好,2016 年管理人员观察到有水雉在此活动。通过人工释放,成功重引入虎纹蛙种群,一年后记录到虎纹蛙的鸣叫。

　　此外,该栖息地修复后,还出现了刺猬和赤腹松鼠这两种兽类(图 4 - 32)。

刺猬　　　　　　　　　　　　　　　　赤腹松鼠

图 4-32　朱家角重要栖息地修复后出现的刺猬和赤腹松鼠

4.2.3　青浦区大莲湖蛙类等野生动物重要栖息地修复工程

4.2.3.1　基本情况

大莲湖蛙类等野生动物重要栖息地（以下简称"大莲湖重要栖息地"）位于青浦区金泽镇。它北部紧邻青西郊野公园，东侧靠近拦路港生态林和拦路港水系；南面和西面靠近人工鱼塘，距离大莲湖 1.5 km，其间密布人工鱼塘。该栖息地地理坐标为：东经 $121°00'51''$—$121°00'58''$，北纬 $31°03'53''$—$31°03'58''$（图 4-33）。

图 4-33　青浦区大莲湖蛙类等野生动物重要栖息地区位

大莲湖重要栖息地规划范围 41.67 hm^2，其中本次修复工程范围 12.07 hm^2。项目区域的拦路港生态林是流转土地，青浦区林业站负责造林和管理；鱼塘属于村集体土地。土地覆盖类型以养殖塘和林地为主，其中养殖塘包括鱼塘和虾塘，而林地中有排水沟。

道路方面,栖息地外围是水泥道路,内部是土质道路;养殖塘四周有塘埂,宽 1.5 m。

动物资源本底调查发现,大莲湖重要栖息地鸟类有白鹭、夜鹭、池鹭、家燕、珠颈斑鸠、白胸苦恶鸟、棕背伯劳和白鹡鸰 8 种;爬行类仅在区域外围发现两条赤链蛇;两栖类有中华大蟾蜍、泽蛙、金线蛙、黑斑蛙和饰纹姬蛙共 5 种,其中优势种为泽蛙(占蛙类总数的 68%)、金线蛙和黑斑蛙,而中华大蟾蜍最少(占蛙类总数的 2%);人工鱼塘主要养殖"青草鲢鳙"四大家鱼;底栖动物主要有青虾、蟹类、贝类、螺蛳和水蛭。蛙类在不同环境中有明显差异:① 沟渠具有缓坡,且有一定的水生植物,蛙的总体密度较高,尤其是金线蛙主要在沟渠中;② 林地缺乏林下灌丛和草本,蛙的密度较低,一般只有泽蛙;③ 旱田中分布的蛙类主要为中华大蟾蜍。

4.2.3.2 问题分析与修复对策

(1)问题分析

修复前的本底调查发现,大莲湖重要栖息地的主要问题在以下几个方面。

一是植物多成片分布,林相单一。群落的组成和层次简单,缺乏灌丛和草本。林下植被少,导致无脊椎动物少,不利于两栖类觅食。

二是内部水体贯通性差。由于未形成完整的进排水系统,水生植物群落演替不够完全,不利于生态环境的稳定。林下排水沟地势高,往往缺水(图 4-34)。

图 4-34 大莲湖地区修复区干涸的林下沟渠

三是水生植物种类少,缺少沉水和浮水植物,尤其是多数沟渠中缺乏水生动物,不利于蛙类生存。养殖塘岸坡较陡峭,大多裸露,而养殖塘内部则水位较深,都不利于蛙类生存。

四是周边的湿地栖息众多鹭类,而它们是蛙类的天敌。据估计,在不足 3.33 hm² 的池杉林栖息着近千只鹭类,包括白鹭、池鹭和夜鹭等,导致蛙类被大量捕食。

五是偷猎严重。调查发现该栖息地内部布有捕捞水生动物的地笼,金线蛙和中华大蟾蜍误入后死亡,甚至有人使用电网捕捉蛙类到附近的菜市场贩卖。

六是水质污染。附近的农田使用农药和肥料，鱼塘养殖使用饲料，均导致该栖息地中的水体富营养化。少数沟渠水位低，流动性差，积水发黑发臭，影响蛙类生存。

（2）修复对策

针对上述问题，修复的对策思路主要涉及如下七个方面。① 改造地表植被和水生植被，提高初级生产力，完善食物链，提高生态系统的稳定性。② 沟通外界水系，连通内部沟渠。③ 种植乡土水生植物。④ 拓宽养殖塘埂，设置生态缓坡，增加浅水区域。⑤ 增加蛙类隐蔽处，如茂密的草丛，降低鹭类发现和捕捉蛙类的概率。⑥ 隔离栖息地与外界干扰环境。⑦ 治理周边区域污染。

4.2.3.3 修复目标

大莲湖重要栖息地修复目标包括自然保育目标和环境教育目标两个部分，并分阶段实施。

（1）自然保育目标

自然保育目标涉及两个方面的内容。① 栖息地的改造：通过总体规划和有序改造，满足蛙类对生存环境地的要求。② 蛙类的保育：努力使现存蛙类（泽蛙、金线蛙、黑斑蛙、饰纹姬蛙、中华大蟾蜍）的个体数量增加 50%，同时引入原有分布但近年来已消失的蛙类（虎纹蛙等），从而将该栖息地打造成蛙类种群扩散和复壮的来源地，最终跻身上海蛙类重点保育中心。

（2）环境教育目标

环境教育目标是通过对人工林的改造，强化大莲湖重要栖息地的江南水乡文化特色，形成以"萍开蛙鸣"为主题的上海市民环境教育中心；推动人们了解动物保育知识，参与自然保育，带动科普与生态旅游的发展，促进野生动物保护与生态文明建设和社会经济可持续发展相融合。

（3）修复的阶段性

修复的短期目标（3 年内）是：改造栖息地中的湿地，营造适合蛙类栖息、觅食和繁殖的小环境，实现生态环境的明显改善。修复的长期目标（10 年内）是：将该栖息地建设成为上海市野生动物重要栖息地的示范区之一。

4.2.3.4 主要做法

（1）编制蛙类保护规划

大莲湖重要栖息地蛙类保护规划的特点是"一心四区一带"（图 4 - 35，另见彩色图版6）。"一心"是指大莲湖重要栖息地的核心区域，即蛙类保育核心区，它承担蛙类救护、环境教育、管理、科学研究和室内展示等功能。"四区"是指四个具有不同特色的功能区域，分别为主入口区、核心区、生态复合林区和试验区。"一带"是指人工步道带，它将四个功能区域有机地串联起来，形成该栖息地的整体特征。

（2）蛙类保育核心区建设

该区域面积 1.67 hm²，地势低，是多样性保护的敏感区。它起到为蛙类生存提供保障的功能，是蛙类的繁殖地、觅食地、越冬区，也是重引入和扩散的基地。

蛙类保育核心区建设涉及三个方面的内容。① 建立蛙类半自然沼泽核心区。具体

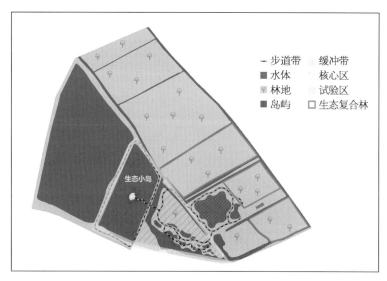

图 4 - 35　大莲湖重要栖息地修复总体规划

措施是：沟通水系，改造原有沟渠，建立生态沟渠和生态驳岸；竹林抽稀 80%，种植乡土水生植物。② 建立蛙类生态塘核心区（又称蛙类保护核心塘）。生态塘核心区的中心是由开挖水系获得的泥土堆积成的生态小岛，地势较高，视野开阔。岛的周围设置生态驳岸，增加浅水区域。岛上设置环教长廊和木栈桥。③ 将鱼塘的塘埂改为生态缓坡，种植挺水植物（芦苇和香蒲）、浮水植物（睡莲和萍）、沉水植物（苦草和竹叶眼子菜），并在水体中适当放养底栖动物和乡土鱼类。

（3）蛙类保育试验区建设

该区域是蛙类科研和救护中心，兼具环境教育、监测和生态旅游等功能。① 建立蛙类救护林：将现有人工鱼塘的西部回填，改造为生态复合林，将其作为蛙类的保育基地。② 建设林下生态沟渠。③ 建立蛙类救护塘：把鱼塘中部改造为蛙类释放点和濒危蛙类（主要是虎纹蛙）的救护中心。④ 建设生态塘缓坡，整体呈现为生态复合林—林下沟渠—挺水植物—浮水植物的水平分布格局。

（4）蛙类保育缓冲带建设

该缓冲带的功能是隔离，将人类活动区域与蛙类保育核心区隔开，面积合计在 1 hm² 之内。它的外缘设置围栏并进行生态化处理，选择攀援植物和带刺的蔷薇科植物，这样既加强了防护，又提供了不同的环境。此外，还加强执法巡护，制止捕杀贩卖蛙类行为。

（5）土地平整与地形塑造

具体的修复措施为对原有林地进行改造。在不影响原有植物正常生长的情况下，结合道路与水系走向进行土方驳运，就近平衡土方。

（6）水系调整与沟通

具体措施为：① 建立引水沟渠，与外界水系沟通；② 增设抽排水设施，增加净水设施，形成完整的进排水系统，及时、有效地调控水位，减少周围工农业污染的影响。③ 拓宽内部现有沟渠,增设缓坡,形成生态沟渠,增加浅水区域,扩大沿泽湿地;④ 建设林卜生态沟渠,设置生态驳岸,并保持一定的林下沟渠存水,在林下沟渠与区域外缘沟渠交界处设置一定高度的泥质田埂。

（7）植被恢复

采取多种措施,修复该栖息地的植被。① 生态复合林改造:调整现有林地的树种配置,现有林分抽稀80%;搭配乔灌木和草本,使群落的空间呈现完整的乔木层—灌木层—草本层—林下沟渠—挺水植物—浮水植物—沉水植物层次。② 建设林下人工步道,沿途设置展示牌和休息站,将其作为环境教育通道。

4.2.3.5　主要成效

大莲湖重要栖息地建设工作主要取得如下几个方面的成效。

一是经过优化和改造,沟通了水系,增加了植物的种类,尤其是增加了对蛙类生存尤为重要的水生植物(图4-36)。改造后的大莲湖蛙类重要栖息地拥有蛙类保护核心塘、生态沟渠、生态复合林等类型的环境,分别承担了不同蛙类生活史中生长或扩散通道、种源基地、食源基地等功能。

图4-36　大莲湖重要栖息地修复后的水生植被

二是蛙类保育核心区、蛙类保育试验区、缓冲带等重要功能区域为蛙类提供了良好的栖息环境(图4-37)。

三是宣传牌、标识系统和生态步道提升了参观趣味性(图4-38)。

四是蛙类的个体密度显著增加。据对比调查,大莲湖重要栖息地中的蛙类总密度在修复后明显上升,其中金线蛙、黑斑蛙、饰纹姬蛙的密度均显著提升(图4-39)。同时,调查结果还表明,该栖息地在修复后,昆虫的种类和数量也明显提高。

此外,大莲湖重要栖息地修复后,还出现了刺猬和乌梢蛇(图4-40)。

图 4 - 37　大莲湖重要栖息地修复后的蛙类保护核心塘

图 4 - 38　大莲湖重要湿地修复后的蛙类环境教育实验塘景观和宣传牌

图 4 - 39　大莲湖重要栖息地中的黑斑蛙(左图)和饰纹姬蛙(右图)

图 4 - 40　大莲湖重要栖息地中的乌梢蛇

4.3　湿地类型重要栖息地的修复

4.3.1　浦东新区金海湿地野生动物重要栖息地修复工程

4.3.1.1　基本情况

金海湿地野生动物重要栖息地(以下简称"金海重要栖息地")位于浦东新区曹路镇的上海环城绿带浦东段(金海湿地公园)内,其地理坐标为:东经 121°38′25″—121°38′42″,北纬 31°14′58″—31°15′34″。

金海湿地公园总面积 46.6 hm²,其中金海重要栖息地修复区面积 29 hm²(图 4 - 41)。金海湿地公园是以大面积水体和水生植物营造为基础,兼具生态、科普和游览等功能的城市湿地公园,由浦东新区林业站(环城绿带建设管理署)管辖,土地、林木权均属于国有。金海重要栖息地的土地覆盖类型以人工湿地和人工林地为主。

4.3.1.2　问题分析与修复对策

(1) 问题分析

依据修复前的本底调查结果,金海重要栖息地存在以下问题。

一是水体污染严重,水质差,水流不畅。同时,水生植物种类少,影响对水质的净化。

二是水体形态单一,水陆之间缺少过渡带和浅滩,水鸟缺乏隐蔽处和觅食场所。

三是植物多样性低,群落垂直结构单一(图 4 - 42)。局部地点的乔木密度过大,郁闭度过高,影响林下植物的生存。

四是鸟类的食源缺乏,尤其是浆果类植物和秋冬季的食源性植物较少。

五是野生动物监测和保育宣传教育设施基本处于空白。

图 4 - 41　浦东新区金海湿地野生动物重要栖息地区位

图 4 - 42　群落结构单一的金海重要栖息地林下(2013 年 6 月)

（2）修复对策

一是进行水体修复。二是以 D 区(金海重要栖息地核心区域)为示范区,修复水陆过渡带的植被,改善水生植物的组成和结构(图 4 - 43,另见彩色图版 7)。三是降低 E 区部分岛屿的高度,增加浅滩的面积,同时增加石块和浅滩的类型。四是增加底栖动物的种类和数量。五是在 D 区布设监测步道,在适宜观鸟的地点设置隐蔽的观鸟平台,在重要位置增加环境保护宣传教育内容。

4.3.1.3　修复目标

金海重要栖息地修复的目标是：① 优化原有栖息地环境,形成适合野生动物栖息的

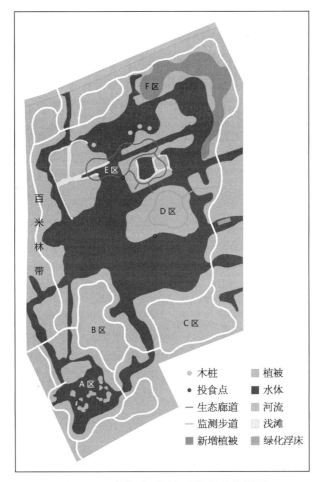

图 4-43　金海重要栖息地修复总体规划

城市湿地景观示范区；② 打造一个以湿地为主、布局合理、类型多样、适合开展市民环境
教育的良好场所；③ 加强科学研究、资源监测和能力建设，在保护生物多样性的基础上，
实现自然生态系统的良性循环。

4.3.1.4　主要做法

（1）水体修复

金海湿地公园修复水环境的措施主要有控制外来污水排入量、增强水的自净能力、
促进内部水循环与自组织三项。公园水体共有 5 个出入口，污水也由此出入，就在出入
口设置 4 处水体修复区；共设置拦截网 13 m²，河岸形态改造 350 m²，种植对氮磷有较强
吸收能力的水生植物 2 933 m²（包括生态浮床），修建石笼生态护岸 173 m²，水系沟通改
造 1 051.9 m²，设置氧化潭 498 m²，建造人工沙滩 118 m²。

（2）植被恢复

一是在水陆过渡带种植宽 3～5 m 的水生植物，其中优先恢复水鸟出现频率较高的
地点（图 4-44）。

图 4 - 44　水陆过渡带水生植物的恢复（2014 年 11 月）

二是水鸟栖息地营造。针对小䴘䴘、黑水鸡等水鸟喜好在开阔水域游泳和觅食、在挺水植物间繁殖和休憩的习性，辟出开阔水域，并在其周边配置水生植物。其中，挺水植物以芦苇、灯芯草、菖蒲为主，其嫩芽和嫩茎还为水鸟提供食物；浮水植物为睡莲、菱等。

三是以 D 区为示范区，按照近自然林的改造要求，移出 1 310 株乔木，形成林窗，然后种植灌木，以构建树林的立体层次，满足林鸟的需要（图 4 - 45）。

图 4 - 45　灌木的补充（2014 年 3 月）

（3）浅滩改造

在鹭类经常出没的区域设置浅滩 1 533 m²，同时设法堆积石块群，这样既为水鸟提供栖息或起降的场所，又为水生生物（鱼、虾等）提供合适的生活环境（图 4 - 46）。浅滩宽 3～5 m，水深以 10～15 cm 为主，同时在部分岸边种植一排芦苇作为屏障。

施工时场景（2015年6月）　　　　　　施工半年后场景（2016年1月）

图4-46　改造浅滩

（4）建立水生动物投放点

设置水生动物投放点20处，均建在浅滩上，混凝土材质，离石块群很近。投放的水生动物包括淡水鱼、虾、螺类等。

（5）监测步道建设

定期开展湿地资源监测的样带和样地布设在D区，部分样带采用碎砂石路（图4-47）。

图4-47　碎砂石路监测样带

（6）观鸟平台建设

在D区建立一个观鸟平台，面积2～3 m²。它位于一段碎砂石路终点，隐蔽在芦苇群落中，高出最高水面1 m，材质为防腐木（图4-47）。

（7）标识标牌建设

在一些重要位置增加了生态环境教育和野生动植物保育方面的内容展示，例如石笼生态护岸（图4-48）。

图 4 - 48　石笼生态护岸科普教育宣传牌

4.3.1.5　主要成效

依据 2013 年(修复前)和 2016 年(修复后)多次调查数据的对比,金海重要栖息地出现如下积极变化。

(1) 植被改造成效明显

一是植被的空间分布改善。与 2013 年的状况相比,2015 年的植物群落斑块总数及各个群落类型的斑块数量均增加。其中,乔木群落斑块数量增加 55.8%,尤其是 E 区的孤岛上乔木分布范围明显扩大;灌木群落斑块数量增加 18.1%,主要发生在 D 区。A 区、B 区和 D 区中的水生植物群落抽稀后,水域面积明显增加,有效防止了河道的堵塞,恢复了水体的自净能力。F 区和 D 区原为自然状态的水陆过渡带的水生植被被移除,改为石子坡面,其中部分作为监测步道。

二是植物群落结构更加合理。与 2013 年的状况相比,靠近外环路的百米林带的植物物种多样性增加,郁闭度提高。D 区增加了乔木和灌木的种类和数量,同时对乔木密度高的斑块进行抽稀,或移除、替换健康状况较差的植株(图 4 - 49)。

(2) 栖息地适宜性增加

依据多次调查和监测的数据分析,金海重要栖息地修复后,灌木层植被增加,植被多样性提高,水环境得到改善,为鸟类提供了适宜的生存空间,鸟类在此的栖息时间和繁殖频率明显提升(图 4 - 50)。

(3) 野生动物群落恢复

通过对比项目实施前后的野生动物调查数据,区域内的生物多样性尤其是动物多样性有明显提升。2013 年启动修复工程后,至 2016 年共对金海重要栖息地进行 6 次鸟类调查。结果表明,该栖息地鸟类群落增长比较明显。与 2013 年本底调查获得的 25 种相比,主要修复工程刚完成时的 2015 年夏季记录到鸟类 36 种。

随着水陆环境的改善,两栖类和爬行类的种类和数量有较大幅度增加(图 4 - 51)。

图 4-49　改造后的林相，增加了灌木层(2015 年 5 月)

图 4-50　在金海重要栖息地筑巢产卵的黑水鸡(2016 年 8 月)

图 4-51　金海重要栖息地的赤链蛇(2016 年 8 月)

4.3.2　崇明区西沙国家湿地公园野生动物重要栖息地修复工程

4.3.2.1　基本情况

西沙国家湿地公园野生动物重要栖息地(以下简称"西沙重要栖息地")位于崇明岛西南端的绿华镇明珠湖大堤外侧,毗邻崇明区明珠湖公园,其地理坐标为:东经 121°12′47″—121°15′12″,北纬 31°43′01″—31°44′01″。

西沙国家湿地公园南北宽度 1.7 km,东西长度 3.9 km,总面积 363.1 hm²(图4-52)。它由上海西沙湿地公园管理有限公司负责经营管理,其资产和土地所有权均为国有。该公园是上海市首个由原国家林业局批准建立的国家湿地公园,也是崇明岛国家地质公园的核心组成部分。

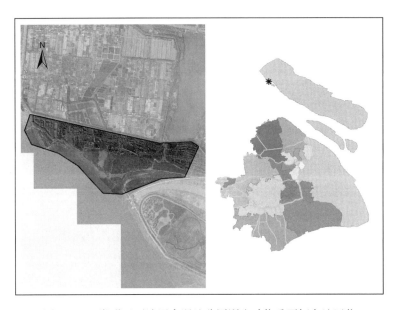

图 4-52　崇明区西沙国家湿地公园野生动物重要栖息地区位

崇明西沙湿地是典型的长江口滩涂湿地,也是华东地区不多见的具有自然潮汐现象的原生态湿地,被市林业局确定为上海市野生动物重要栖息地,计划通过生态引鸟、植物多样性配置、水处理净化等工程,在原有湿地的基础上,修复并建成一个集湿地保育、科普教育、科学研究、休闲观光等为一体的多功能湿地生态示范区。其中,修复的工程区域面积 37.3 hm²,占崇明西沙国家湿地公园总面积的 10.3%。

4.3.2.2　问题分析与修复对策

(1) 问题分析

根据本底调查结果,西沙重要栖息地及其周边地区受到三个方面的威胁。一是人工林改变了湿地环境。除部分为芦苇外,人工种植的柳树和落羽杉面积达 78 hm²,占整个西沙湿地公园总面积的 21.5%,但这种植被对水鸟缺乏吸引力。二是底栖生物种类和生物量较贫乏,水鸟因食物不足而种类和数量偏少。三是水面和裸地偏少,影响游禽、涉禽等水鸟的生存。

（2）修复对策

针对上述问题，西沙重要栖息地的修复对策是：在进行湿地环境的监测和研究基础上，通过人工适度干预，保护、修复或重建湿地景观，维护湿地生态环境；展示湿地的自然和人文景观，实现湿地的可持续发展。

4.3.2.3　修复目标

西沙重要栖息地修复项目的总体目标是营造良好的河口潮汐湿地，具体目标为：① 以水鸟和震旦鸦雀为主要目标物种，优化环境特征和主要植物群落结构；② 维持湿地正常的生态服务功能，为各种湿地生物提供觅食、栖息和繁殖的环境，并吸引更多候鸟前来栖息和繁衍；③ 调整湿地的水系分布，提升其蓄洪能力。

修复的短期目标（3 年内）是：优化栖息地的环境特征和主要植物群落结构，增加底栖动物的生物量，为鸟类特别是水鸟提供适宜的栖息地，并为长江口珍稀鱼类营造良好的繁衍环境。短期目标的具体指标是：主要目标物种的种类和数量增加；建立监测制度，启动长期监测和研究，为栖息地的保护提供科学依据。

修复的中长期目标（10 年内）是：通过优化湿地环境，提高栖息地中的生物多样性；建成自然环境教育基地，努力成为全市示范性野生动物重要栖息地。

4.3.2.4　主要做法

（1）以小䴙䴘、绿翅鸭和白鹭为目标物种，营造水鸟的适宜栖息地

西沙重要栖息地修复区原有 10 多处小水塘，但彼此不相连通，而静水使水质逐步下降。修复时通过开挖沟渠、建造围堤等措施，将上述水域连接起来，形成一个面积 3.33 hm² 的水面，并适当进行地形改造，建成适合游禽等水鸟栖息的小型湖泊（图 4 - 53、图 4 - 54；另见彩色图版 8）。

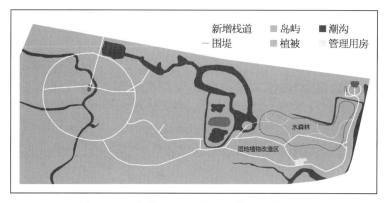

图 4 - 53　崇明西沙重要栖息地修复总体规划

这些水域修复的具体措施为：① 在深浅不同的区域种植不同的水生植物：浅水区种植挺水植物水葱、紫萍和菰，以及白睡莲、萍蓬草、睡莲等伴生植物，而深水区种植沉水植物菹草、苦草，以及水毛茛、金鱼藻等伴生植物；② 放养鱼和蟹。由于部分沉水植物是鱼和蟹的食物，而鱼和蟹又是鸟类的食物，从而形成较为完善的食物链，有助于培育更多的生物群落。

图 4 - 54　改造后获得的小型湖泊(2018 年 8 月)

（2）修复芦苇群落并分区管理，为震旦鸦雀创造良好的觅食和越冬环境

一是依照水鸟习性改造沼泽植物区：移植乡土树木；保留芦苇、香蒲等原生植被，同时在近岸处种植黄菖蒲、荷花、泽泻、慈姑和千屈菜等伴生植物。二是对芦苇实行分区管理，每年冬季对芦苇进行条带状收割，但保留足够的芦苇便于鸟类越冬。

（3）疏浚贯通森林湿地区域的潮沟

用小型挖土机与泥浆泵配合，清除淤泥，疏通潮沟；结合围堤改造，使水域面积占比达 20%，保持森林湿地区域良好的环境和优美的景观(图 4 - 55)。

图 4 - 55　疏通后的潮沟

（4）建设湿地补水设施

设置两座泵站，装备两台 S 型双吸离心泵，每台设计流量为 486 m³/h。泵站水深为 0.5 m，总水量为 3.33×10^4 m³，每次补水耗时 34 小时（图 4 - 56）。它将设法维持枯水季节的湿地水位，满足鸟类对环境的要求。

图 4 - 56　补水设施场景

（5）投放饵料，招引水鸟

放养长江口本土鱼苗和鱼种，提高鱼类的多样性，增加游禽、涉禽等水鸟的食物来源，改善水鸟觅食环境。同时，在引鸟区域设置人工鸟巢，并建设观鸟设施。

（6）栖息地围栏和标识管理

划定栖息地的核心保护区域并设立隔离围栏，实行封闭管理。在栖息地边界和出入口设置警示标志或护栏。在栖息地展示中心、主要廊道和入口处设立宣传栏，普及湿地科普知识。

（7）监测与巡护管理

一是制订了长期的监测计划和技术方案，建立了固定的监测样带和样地，对土壤、水质、植被、鸟类和大型底栖生物等主要湿地生态要素进行监测。二是参照自然保护区巡护管理相关规范，购置巡护船等设备，配备巡护员进行巡护，防止出现伤害野生动物的事件；在周边社区开展宣传教育，提高公众保护意识。

4.3.2.5　主要成效

（1）开展了西沙重要栖息地动植物本底调查

修复项目系统开展了西沙湿地公园野生动植物本底调查，基本掌握了植物、底栖动物、鱼类、鸟类和水环境等资源状况，为修复方案的编制提供了科学依据。本底调查记录到的野生动植物状况为：① 高等植物 23 科 91 种；② 植被主要为草本沼泽和森林沼泽两种类型，其中草本沼泽是面积较大、生态系统完整的芦苇群落；③ 大型底栖动物 22 种，其中潮间带优势种为无齿相手蟹、中华东方相手蟹、谭氏泥蟹、堇拟沼螺和河蚬等，潮下带优势种为中华绒螯蟹、崇西水虱、狭颚绒螯蟹和日本沼虾；④ 鱼类 62 种；⑤ 鸟类 14 目 35 科 82 种：按迁徙习性分有夏候鸟 9 种（占 11.0%）、冬候鸟 22 种（占 26.9%）、留鸟 25 种（占

30.5%)和旅鸟 24 种(占 29.3%),按保护管理则有 19 种列入《中澳候鸟保护协定》(占 23.2%)、36 种列入《中日候鸟保护协定》(43.9%)、7 种为国家二级保护野生动物(占 8.6%)。

(2) 鸟类栖息地营造

修复工程共优化和改造森林湿地 6.67 hm²,移植乔木 1 935 株,其中包括许多浆果类树种;建立水鸟招引区 4 hm²的,疏浚潮沟土方 27 000 m³,种植芦苇 5 200 m²;建设湿地补水泵房 2 座。

(3) 改善了震旦鸦雀栖息地植被

震旦鸦雀栖息地中有 26.67 hm²芦苇进行了轮割,监测到震旦鸦雀的数量明显增加。

4.4 极小种群物种的恢复与野放

对本市原来有分布但已消失,或目前数量极少的野生动物种群进行恢复与扩大,是保护和拯救濒危物种、提升区域生物多样性的重要工作。依据多年的调查研究成果,选择扬子鳄和獐这两种历史上上海有分布,但此前已野外灭绝的国家重点保护野生动物,以及狗獾这种野外数量极少的本市重点保护野生动物为目标物种,通过引入、圈养、野外放归(即野放)、繁育等恢复措施,期望它们能在本市各自形成较为稳定的半野化种群,从而建立 4 处珍稀濒危物种的野外保育基地。

4.4.1　奉贤区申亚狗獾种群恢复与野放和栖息地改造项目

申亚狗獾种群恢复与野放和栖息地改造项目(以下简称"申亚狗獾种群恢复项目")由上海市奉贤区林业署总体负责,并由申亚生态林养护社负责栖息地的管理。项目地点在金汇镇明星村申亚生态林,实施时间是 2013 年 12 月—2015 年 12 月,实施具体内容是狗獾重引入、洞巢建造、栖息地适宜性改造、行为跟踪监测系统建设、隔离围网建设和宣传教育展示等。

4.4.1.1　项目背景

狗獾是上海野外现存最大的陆生食肉动物,被上海市政府确定为市级重点保护野生动物。20 世纪 80 年代前,上海郊区的松江、金山、奉贤、青浦、嘉定区都有狗獾的分布,主要栖息在竹林、河岸土堤等较高的废弃地。近年来,由于上海郊区的快速城市化发展,狗獾适宜栖息地不断减少和破碎化,数量急剧下降。据此前两次陆生野生动物资源调查和日常监测,上海的狗獾仅在奉贤区和松江区有零星的小群分布,全市野生个体数量已不足 25 只,处于灭绝的边缘。

考虑到上海地区野生狗獾数量过少,已难以依靠残存的群体复壮,只能通过异地引种来重建种群。从分布现状和历史来看,奉贤不仅保留着上海郊区最大的野生狗獾种群,而且当地的气候条件和生态环境非常适合狗獾的生存。为了拯救这个本地濒危物种,2007 年市林业局和华东师范大学(技术支撑单位)在奉贤区启动狗獾种群恢复工作,经过一期(2007—2009 年)和二期(2010—2012 年)的探索与实践,在狗獾种源选择、异地引入、助迁助养和栖息地适宜性改造等方面取得一定成果,并积累了宝贵的经验。

4.4.1.2　栖息地基本情况

奉贤申亚狗獾种群恢复栖息地的地理坐标为：东经 121°32′17″—121°32′29″,北纬 30°59′16″—30°59′24″。该重要栖息地面积 5.2 hm²,其中林地面积 3.26 hm²,水域面积 0.96 hm²,道路面积 0.97 hm²(图 4-57)。该栖息地四面环路,交通便利;周边林地内昆虫种类多、数量大,可为狗獾提供较为充足的食物。

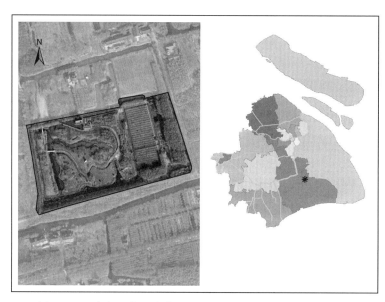

图 4-57　奉贤区申亚狗獾种群恢复与野放和栖息地改造区位

申亚生态林的土地权属于集体耕地,在项目期间的林权属于上海亚绿实业投资有限公司(简称"亚绿公司")并由其负责养护。

4.4.1.3　问题分析

根据现状评估和狗獾对栖息地的需求分析,申亚狗獾种群恢复栖息地改造前面临两个方面的问题。

(1)植物群落存在问题

一是植被的组成和空间配置不合理,不是非常适合狗獾的生存。栖息地内植物多样性低,缺少本地野生植物。群落类型以生态景观林为主,缺少本地的灌木林,尤其缺少水边的灌木林,而后者是狗獾夜间活动的主要隐蔽处和觅食地。

二是狗獾的食源植物偏少,金樱子、枸杞藤等能结浆果和肉质果实的植物数量不足。

三是外来有害植物入侵,如加拿大一枝黄花侵占了许多地面。

(2)地形的限制

该栖息地的地形虽然稍有起伏,但没有天然洞穴。当地地下水位比较高,土壤比较潮湿,难以满足狗獾的筑巢需要。

4.4.1.4　总体思路与修复目标

(1)总体思路

申亚狗獾种群恢复与栖息地改造项目的总体思路是:按照恢复生态学原理,采用重建、改建、改造等技术,通过迁地引入等措施,加速狗獾的数量增殖,最终在奉贤区恢复可自我维持的狗獾野生种群。

（2）项目目标

项目目标包括四个方面的具体内容。

一是营造面积为 5.2 hm² 的狗獾核心栖息地,并对其进行适宜性改造。① 沟通水系和塑造地形,种植狗獾所需的食源植物和隐蔽植物。② 建成 5 组适合狗獾定居的洞巢系统,建立 3 个完整的狗獾家族,确定其活动范围及巢区面积。③ 建成一个以狗獾保护为主题的野生动物科普教育和宣传展示基地,开展模拟洞巢展示、展板展示和实物展示等宣传活动。

二是完成狗獾引种,提高引种成活率。引种的要求是:① 引入初期,狗獾成活率达 70％以上;② 种源具有丰富的遗传多样性,配对需考虑家谱,避免近亲繁殖,保证种群健康发展;③ 引种次年有 50％的家族开始繁殖,引种第三年有 70％的家族开始繁殖;④ 项目区狗獾的数量比引入时增加 50％。

三是适时开展狗獾的野放工作。

四是狗獾野放后的环境评估与种群监测。

4.4.1.5　主要做法

（1）栖息地本底调查和环境容纳量评估

本底调查的内容有:① 栖息地基础信息,包括地理位置、四至边界、周边社区情况、污染源等环境因子,以及交通情况;② 植物和植被调查,包括植物多样性、群落郁闭度等信息,重点掌握食源性植物的构成;③ 动物多样性调查,包括野生动物种类与数量、狗獾食物资源等情况;④ 水源调查,包括栖息地中水质和水系分布。

根据本底调查结果,估算栖息地中狗獾的环境容纳量,指导狗獾野放的数量阈值,制订植被改善、适宜性改造方案,提出狗獾防逃逸措施,为狗獾的增殖、扩繁、野放和保护奠定基础。

（2）狗獾的种源选择、引入和助迁助养

狗獾虽是奉贤区的本地物种,但项目的实施区已不存在野生个体,也不能从项目区外捕捉野生个体,恢复其种群必须从外省市寻找种源引入。技术支撑单位在总结前两期狗獾恢复工作基础上,编制了《狗獾引种导则》,由相关项目实施单位依据该导则从山东省引入健康的远缘种源,最终野放至申亚生态林内,从而提高项目区内狗獾的数量和遗传多样性(图 4 - 58)。

由于山东省的狗獾生存环境可能不同于上海奉贤区的申亚生态林,而且狗獾又以家族形式生存,但引入的个体不是来自同一个家族,种源引入后要有适应本地环境、重新组成家族和挖洞定居的过程。在此期间,栖息地管护人员按照狗獾的取食喜好,为其补充饲料和维生素等营养添加剂,同时做好狗獾生理状态测试、疾病诊断与防治。

（3）栖息地适宜性改造和洞巢建设

一是通过土地平整与地形重塑,形成高低不平的缓坡(图 4 - 59)。这样既为狗獾洞巢设计和施工提供保障,又有利于提高栖息地的自然排水功能,还提升了景观效果。

图 4-58　释放重引入的狗獾

图 4-59　改造形成的缓坡

二是建设了 5 套狗獾洞巢系统，包括"井"字形、"回"字形、"嵌入式"洞巢和獾乐园，以及亲水平台（图 4-60，另见彩色图版 9；图 4-61），保证狗獾的定居和家族的形成。地势较高的竹林、土丘内依照布设地下管道，为狗獾提供高于地下水位的隐蔽处和洞巢（图 4-62）。

三是增加植物种类和完善群落结构，为狗獾提供合适的环境，保证活动所需的隐蔽处和食源。在确保结构稳固不坍塌的前提下，各洞巢系统上均种植竹子，为狗獾提供竹笋作为食源（图 4-63）。

沿项目区小河、水道边 0.5 m 处种植宽 1 m 的本地灌木，沿主要小道种植本地乔木，优化植被的配置。此外，还种植一些食源性植物，如瓜果（甜瓜、南瓜）、红薯、玉米等农作物，以及梨等果树（图 4-64）。

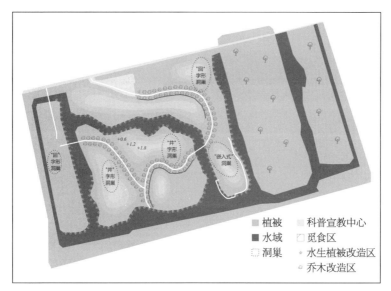

图 4 - 60　申亚狗獾种群恢复栖息地改造总体规划

图 4 - 61　狗獾"井"字形（左图）和"田"字形（右图）洞巢系统外观

图 4 - 62　申亚狗獾种群恢复栖息地地下管道及在其中繁殖出的狗獾幼体（2019 年 4 月）

图 4-63　洞巢系统出口处的狗獾粪便 　　　　图 4-64　申亚狗獾种群恢复栖息地种植的
　　　　　（黑圈处所示）和竹林中的竹笋 　　　　　　　　　狗獾食源植物——梨树

　　四是营造有缓坡的浅水水沟（微生态沟渠，图 4-65），适度放养小鱼小虾，既方便狗獾饮水，又丰富其食源。

图 4-65　申亚狗獾种群恢复栖息地中的微生态沟渠

　　（4）监测管理系统建设和运行

　　狗獾是夜行性动物，白天在洞巢内休息，晚上出来活动。因此，在各洞巢系统中安装 2～3 个红外线摄像头，并在大围栏上方安置长焦红外线摄像头，用于狗獾日常活动数据的采集，由电缆或者无线信号将数据或图像资料发送至中心控制室，中心控制室的计算机进行储存和分析。除日常监测以外，每周至少对狗獾的行为进行一次全天（24 小时）的重点监测，用于评估它们对栖息地的适应性。

（5）防逃逸隔离围网和宣传警示标识系统建设

在狗獾种群增殖到足够数量和放归野外前,栖息地外围设置防止其逃逸的隔离围网,形成相对封闭的区域,还能防止盗猎、破坏环境等人为干扰(图 4 - 66)。

图 4 - 66 　申亚狗獾种群恢复栖息地的隔离围网

宣传警示标识系统由狗獾栖息区、觅食区和栖息地四至边界的指示牌、警示牌、宣传展板和界桩(界碑)组成(图 4 - 67)。采用文字、图像和符号等形式,通过各种类型的指示牌、宣传牌和警示牌等载体,向外来人员提供项目全面的信息,并普及保护狗獾的知识。

图 4 - 67 　申亚狗獾种群恢复栖息地中的宣传展板

4.4.1.6　主要成效

2013—2015 年的狗獾种群恢复项目实施期间，奉贤区林业署和项目技术支撑单位按照市林业局批复的作业设计方案和相关管理办法，完成相关建设内容，取得如下几个方面的成效。

（1）以科研引领项目实施

华东师范大学生命科学学院徐宏发教授团队从 20 年前就开始涉及狗獾的研究，近年来把主要精力投入狗獾的种群恢复研究，在核心刊物上发表了 10 多篇有关狗獾的专业文章，具有扎实的研究基础和实践成果。他们作为技术支撑单位，自始至终参与项目设计、建设和监测，为项目的顺利开展提供理论支撑与技术保障。

（2）改造了狗獾重要栖息地

通过栖息地适宜性改造，为狗獾种群提供充足的食物资源、适宜的繁殖地点、躲避天敌和不良天气的洞巢，从而保证其生存和繁衍。这处上海首个恢复与扩大狗獾种群的栖息地已经初具规模，为建成上海市狗獾扩繁、增殖、野放示范基地，实现上海狗獾种群恢复、野放所需种源和技术的本土化支撑奠定了基础。

（3）建立狗獾可自我维持种群

项目实施初期，从山东省引入 10 雄 20 雌共 30 只健康的狗獾。通过早期圈养、人工投喂、跟踪监测和栖息地适宜性改造等助迁助养工作，使狗獾逐步适应环境并成功建立家族，然后快速定居、增殖。

2015 年底项目实施完成后，经第三方评估，人工释放的狗獾种群已经在当地成功建立了可自我维持的种群：在申亚生态林的重要栖息地内形成 5 个家族，在该栖息地周边也形成多个家族。

（4）采用新技术管理栖息地

除布设拟自然的监测设施、步道和野外巡护外，本项目栖息地监测管理亮点之一是建立了由红外线摄像头（无线电遥测）、数据传输系统和图像采集（储存、分析）系统组成的监测管理系统（图 4-68）。通过该监测管理系统的建设与运行，对引入的狗獾个体或家族的日常活动与行为进行实时监测，并对它们的适应性进行评估，及时解决狗獾扩繁遇到的问题。

图 4-68　申亚狗獾种群恢复栖息地监测管理系统（左图）及其狗獾活动实时显示（右图）

（5）建成重要的青少年科普教育基地

有关部门和单位已将申亚生态林打造成展示狗獾生态和奉贤区野生动物的科普教育基地，一般情况下每年游客超过 8 000 人次（图 4 - 69）。

图 4 - 69　申亚生态林的狗獾生态展示室（左图）和奉贤区青少年野生动物科普基地（右图）

4.4.2　崇明区明珠湖獐种群恢复与野放和栖息地改造项目

4.4.2.1　项目背景

獐别名河麂、牙獐、毛獐等，属偶蹄目鹿科獐亚科獐属，是现存最原始的鹿科动物之一。獐在《中国濒危动物红皮书》中被列为易危物种，也是国家二级保护野生动物。

獐原为上海的本地物种，常选择河岸、湖边、湖心草滩、海滩等芦苇或茅草丛生的环境栖息。根据相关文献，獐的食性比较广，但以草本植物为主，尤其偏好豆科和菊科植物。由于人类活动的加剧，獐在 20 世纪从上海完全消失。

自 2003 年起，上海市的獐重引入项目启动。经过 3 年准备，2006 年正式实施上海地区獐的重引入项目。该项目在实施过程中，首先将种源引入扩繁基地——浦东华夏公园，建立了重引入扩繁种群；然后于 2008—2009 年在松江浦南林地、上海滨江森林公园内进行了野放。2014 年，该项目正式将獐引入崇明岛上的明珠湖公园，在可控环境内进行扩繁、行为观察、食性与代谢量、家域与活动节律、小环境选择、环境影响等研究。经过 10 年的努力，截至 2012 年，上海已成功繁殖獐约 300 只，分布在浦东华夏公园、上海滨江森林公园、松江新浜林地、南汇东滩野生动物禁猎区和松江浦南林地等地点。

4.4.2.2　栖息地基本情况

明珠湖獐种群恢复与野放和栖息地改造项目（以下简称"明珠湖獐种群恢复项目"）在崇明区明珠湖公园内实施。

明珠湖公园地处崇明岛西南端的绿华镇，与长江仅一堤之隔，东邻三星镇，南邻东风西沙及东风西沙水库，并隔长江南支与江苏太仓相望，距上海市区 120 km，地理坐标为：东经 121°14′52″—121°15′13″，北纬 31°43′39″—31°45′03″。该公园总面积约 433.34 hm²，包括水域面积 200 hm²、水源涵养林面积 166.67 hm²、道路和房屋等基础设施面积

66.67 hm²。公园的土地权属于国有,由崇明区旅游投资发展有限公司开发和管理,土地覆盖类型为湖泊湿地和人工林地。公园内的明珠湖是长江南支的港汊遗迹,也是崇明岛上最大的天然淡水湖,南北长约 3 000 m,东西宽近 1 000 m,面积约 154 hm²;最深处达 8 m,蓄水量约 5×10^6 m³(图 4-70,图 4-71)。

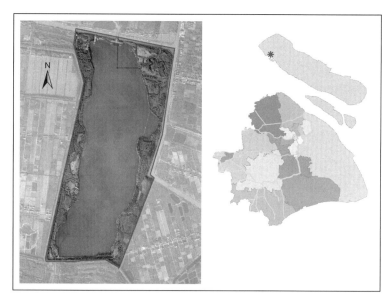

图 4-70　崇明区明珠湖獐种群恢复与野放和栖息地改造区位

图 4-71　明珠湖景观(2018 年 8 月)

　　明珠湖獐种群恢复项目具体实施范围位于明珠湖公园东北部,其中面积约 28.4 hm² 的区域作为獐的核心栖息地兼野放区。

　　獐种群恢复项目实施前对整个明珠湖公园的植物、植被和鸟类本底情况进行了实地调查。本底调查共记录到高等植物 105 种,其中草本植物 51 种,以诸葛菜、猪殃殃、婆婆纳、蒲公英、泥胡菜等菊科种类为主;木本植物 54 种,以樟、桂花、水杉为主。植物群落多为单一或 2～3 个树种混合种植,形成片状的植被斑块。植被类型多样,有常绿-落叶阔叶混交林、针叶林、常绿阔叶林和草丛,以及沿湖、沿河的狭长潮间带。此外,明珠湖东西沿岸植被有一定差异:东岸以常绿乔灌木混交林和林下草丛为主,西岸则以落叶乔灌木混交林和林下草丛为主。

4.4.2.3　问题分析与对策思路

(1) 问题分析

根据本底调查的结果,明珠湖獐种群恢复栖息地在项目前存在如下几个方面的问题。

一是獐的食源不足。虽然相关植物调查认为明珠湖栖息地中獐的可食植物有 32 种,并推测可供獐采食的植物多达 55 种,但在乔木比较密集的林地,比如一些樟林,由于郁闭度高,可供獐采食的林下植物(尤其是草本植物)较少。该栖息地中还有几块面积较大的草坪,但种植的是獐不喜食的种类(图 4-72)。因此,该栖息地总体上难以满足獐在数量较多时的食物需求。

图 4-72　明珠湖公园草坪一角

二是环境隐蔽性差。明珠湖公园林下空地较多,经常有人为除草,导致部分地面缺乏草本植物覆盖。同时,公园内的植被斑块小,且道路两旁的林带宽仅为 30～50 m 并缺乏灌丛,难以满足生性胆小的獐的隐蔽性需求(图 4-73)。

三是獐饮水不便。明珠湖的岸堤高出水面 0.4～0.7 m,獐在湖边饮水时有跌落湖中、溺水后难以上岸的风险。

四是干扰严重。明珠湖公园是经营性公园,内有各种游客娱乐设施,如度假村、烧烤营地、森林滑草、咖啡吧,这会对獐产生严重的干扰。此外,公园内的禽类养殖和放飞基地也会对獐的活动造成影响。

(2) 对策思路

针对本底调查发现的问题,从如下思路寻找相应的对策。

图 4 - 73　明珠湖公园的道路绿化

一是制订明珠湖公园重引入獐和建立獐可自我维持种群的技术方案。

二是进行栖息地改造和獐种群繁育区(圈养场地)建设,包括人工棚舍和防逃逸设施建造、水源地改造、可食植物的补种等。

三是进行种獐的引入、扩繁、疾病防护和日常管理。

4.4.2.4　项目目标

(1) 总体目标与分目标

明珠湖獐种群恢复与栖息地改造项目的总体目标是：建立獐可自我维持的种群,完善崇明岛的生态系统组成并增加林地生物多样性；宣传生态文明理念,提升上海城乡居民生态保护意识,使明珠湖獐种群恢复栖息地成为农村生态环境建设的示范；通过对獐的综合利用,推动崇明岛休闲旅游业的进一步发展,促进其复合型林地经济的发展。这一总体目标又具体落实到獐栖息地建设和獐栖息地管理两个分目标。

獐栖息地建设分目标是：改造明珠湖公园植被,为重引入物种獐提供食物、水源和隐蔽处。

獐栖息地管理分目标：逐步形成有效的管理队伍,确保野放的獐能形成稳定的种群。

(2) 目标的阶段性

为实现上述目标,项目从 2013 年开始,分短期、中期和长期共 3 个时期进行。

项目的短期(2013—2018 年的 5 年内)目标又分为 3 个具体阶段。① 在 2013—2014 年,对野放区进行改造,以满足獐的生存需要,并引入首批 22 只青壮年獐个体；建立獐的繁育区,并释放 8 只青壮年个体；通过适应性管理与监测,促进獐在自然状态下繁殖。② 在2014—2015 年,明珠湖獐个体数量上升至约 45 只。③ 到 2018 年,獐个体数量超过 60 只。

项目的中期目标(2013—2023 年的 10 年内)是：① 在野放区形成相对稳定的獐种群后,对明珠湖公园其他区域进行有计划的野放和管理；② 对前期野放过程中出现的问题进行系统整理,并制订应对措施,避免浪费资源和伤害獐等野生动物;③ 监测栖息地的变化,并丰富其生物多样性。

项目的长期(至 2028 年的 15 年内)目标是:引入的獐在明珠湖公园内建立可自我维持的健康种群,成为崇明岛极小种群恢复的旗舰物种,有助于推动崇明岛的自然生态系统修复,并最终成为建设美丽中国的上海元素。

4.4.2.5　主要做法

(1) 野放区选择

如前所述,明珠湖公园东南部一块面积 28.4 hm² 的区域被选为獐的野放区(图 4 − 74,另见彩色图版 10)。利用野放区长约 1 200 m 的现有围栏,同时把东北边缘的水道作为天然屏障,在南北边缘不设围栏的情况下对该区域进行改造。

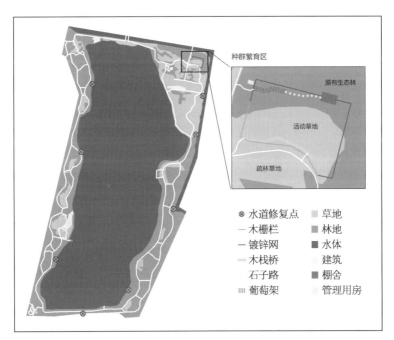

图 4 − 74　明珠湖獐种群恢复栖息地改造总体规划

(2) 野放区植被改造

一是在生态林中补种常绿植物,如慈孝竹、桂花、八角金盘、海桐、火棘等,并沿路种植桂花、桃树、柿树、红叶李等浆果树种。二是在生态林中的空地以及沿路空地补撒草籽,如野豌豆、猪殃殃、蒲公英、泥胡菜、黄鹌菜,最终使野放区的植被覆盖度达 80%～100%,能够满足所有獐野放时的食物需求。

(3) 獐种群繁育区建设

獐的种群繁育区位于明珠湖公园东北角,面积约 2.53 hm²。

雌雄獐分开在繁育区内两个相邻地点养殖,两者之间通过特殊的棚舍连接。这样的棚舍中间设置木质隔板,再在隔板上设置木板门,既方便饲养员和研究人员出入,又为雌雄獐的交流提供通道,以此来控制参与繁殖的獐个体数量。

种群繁育区一些棚舍建在地势平坦、阳光充足的地方。这些棚舍内光线充足,空气流通,地面铺红砖或覆土,并放置食具,供獐躲避恶劣天气。棚舍内还配有可视窗,饲养员通过它来观察獐的生活情况。由于繁育区缺乏天然水源,不能为獐提供饮水,因而在此区域内乔木较少的地点,挖出深 2 m、岸堤坡度约 15°、总面积约 4 000 m² 的水沟,并引入干净的水。

繁育区四周种植枇杷树、红叶李、桂花、桃树等中小乔木,林下配置八角金盘、海桐、火棘等低矮的灌木,林缘播种野豌豆、猪殃殃、蒲公英、泥胡菜、黄鹌菜等食源性草本植物,为獐提供足够的食物和良好的隐蔽空间。

为了景观效果,在南侧和西侧设置高 1.8 m 的木栅栏,木栅栏底部设置高 60 cm 的防逃逸网。考虑到今后会有游客在繁育区近距离观察獐,就沿木栅栏内侧设置离地 60~70 cm 的木栈桥,桥边种植火棘等带刺灌木,避免游客闯入并干扰獐的正常活动。靠近北侧、东侧的林地边缘设置高 1.8 m 的镀锌网,防止獐的逃逸。

繁育区还建立了简易的监护室、管理用房、仓库等,以便及时对伤病个体进行诊断和急救。

（4）水源地改造

野放区的水源为湖水及东区的河水,但原来的岸面距水面过高,獐饮水不便且有危险。因此,建立了水陆过渡区域,沿岸削土,形成约 15° 的缓坡,并补种芦苇等高草,为獐提供安全且隐蔽的饮水环境(图 4 - 75)。

图 4 - 75　改造后的水源地

（5）动物行为视频监测管理系统建设

獐的种群繁育区配备两位具备动物养殖经验的监测管理员和一位兽医,负责獐的守护和管理。獐的野放区也配备两位监测人员。

初次野放獐并等它们的活动形成獐道后,在獐道上方布设红外线摄像头和红外相机,其中摄像头拍摄的画面同步转接至监护室,让工作人员能及时观察到獐的活动情况。工作人员还布设样点,对野放的獐进行长期监测和管理。

（6）獐的人工增殖和野放

野放的獐分三批引入。2014 年 9 月中旬前引入第一批（舟山种源）12 只（6 雄 6 雌）,全部投入繁育区。2014 年 12 月引入第二批獐（松江种源）25 只（14 雄 11 雌）,其中 15 只（有 8 只佩戴项圈）投入野放区,剩余 10 只投入繁育区。2015 年 12 月中旬引入第三批（浦东种源）25 只（19 雄 6 雌）,全部投入繁育区,其中 6 只佩戴项圈。在实际操作中,1 只獐由繁殖区逃逸到野放区。

项目工作人员与上海动物园保持密切联系,及时对伤病的獐个体采取救护措施,并预防疾病的发生。

（7）野放后种群行为学研究

利用植入式芯片对引入的獐进行标记与管理,使用无线电、GPS 跟踪等手段,对野放后獐在栖息地中的种群格局和变化进行监测。

4.4.2.6　主要成效

一是确定了獐的繁育区和野放区,并对这两个区域进行生态化改造。

二是成功地引入和野放獐。从不同地点共引入 62 只獐,其中 46 只獐组成圈养种群（用于扩繁）,其他 16 只进行试野放。从项目实施后的评估结果看,引入的獐不仅适应崇明岛的环境,还成功地在野外繁殖（野放第一年发现幼獐 3 只）,初步建立了崇明岛獐种群恢复的种源。

三是开展了獐野放后的监测。2014—2016 年,项目工作人员采用行为观察法、痕迹法、无线电遥测、GPS 追踪、GIS 绘图等技术对野放的獐进行连续监测,并对栖息地适宜性改造的效果开展系统、高强度的调查,较好地掌握了獐的个体状况和群体趋势,为后续种群恢复和野放工作奠定扎实的基础。

4.4.3　松江区新浜獐种群恢复与野放和栖息地改造项目

4.4.3.1　基本情况

新浜獐种群恢复与野放和栖息地改造项目（以下简称“新浜獐种群恢复项目”）在位于松江区新浜镇胡家埭村的新浜生态林（以下简称“新浜林地”）内实施。新浜镇位于上海西南部的黄浦江上游,南临金山区,西北接青浦区,距上海市区 40 km。

新浜林地面积为 73.15 hm²,其中水域面积 14.95 hm²。该林地属于生态公益林,土地权属于新浜镇人民政府,项目期间由松江新浜林业养护服务社负责管理。

新浜獐种群恢复项目占地 17.33 hm²,其地理坐标为：东经 121°04′24″—121°05′04″,北纬 30°55′24″—30°56′19″（图 4 - 76）。土地覆盖类型为人工林地。

獐种群恢复项目实施前的本底调查发现,新浜林地大部分区域为乔木林,且地面有较多草本植物,具备獐栖息的基本条件,木本植物以杜英、栾树、石楠为主。该林地植被类型多样,主要为常绿—落叶阔叶混交林,还包括常绿阔叶林、草坪和河道两边的水生植被。

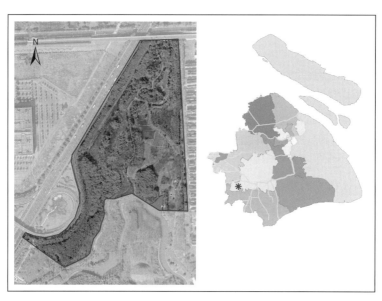

图 4 - 76　松江区新浜獐种群恢复与野放和栖息地改造区位

4.4.3.2　问题分析

根据本底调查的结果,新浜林地在项目实施前存在如下几个方面的问题。

一是獐的食源不足。虽然新浜林地草本植物平均盖度达 20%,獐的可食植物估计有 23 种,但这些可食植物的生物量较少,尤其是豆科和菊科植物少,远不能满足獐野放时的食物需求。

二是隐蔽性差。新浜林地的灌木林总体比例较小,而且多数乔木林下的灌木也较少。即便是乔木不密集的稀疏林地,灌丛的比例仍然偏低。因此,新浜林地不能为獐提供良好的隐蔽条件。

三是水源供应有限。新浜林地中原有的水池蓄水量小,而南、北面的水道不连通,缺乏足够的洁净水源。

四是防逃獐逸能力欠缺。新浜林地的围栏年久失修,多处存在严重破损和倾斜现象。

五是管理不到位。新浜林地没有固定的安保人员,缺乏专人进行守护和管理,存在无关人员进出和牲畜放养等干扰。

4.4.3.3　项目目标

（1）总体目标与栖息地改造目标

新浜獐种群恢复与野放和栖息地改造项目的总体目标是:① 在新浜林地建立可自我维持、稳定的獐种群;② 作为上海市极小种群物种恢复与野放工程体系的重要组成部分,优化獐的种群结构,为本市獐的恢复提供优质种源;③ 通过獐重引入的相关活动,宣传生态文明理念,提升公众生态保护意识,使该项目成为城郊生物多样性保护与恢复、林地合理利用的示范;④ 通过獐的保育,提升保护管理和休闲旅游水准,促进新浜林地复合型林业经济的发展。

　　项目的栖息地改造目标是：通过新浜林地改造，为引入的獐提供适宜的生存环境；逐步形成科学、有效的栖息地管理队伍。

　　（2）目标的阶段性

　　项目的短期（2013—2018 年的 5 年内）目标是：① 在 2013—2014 年，设计、改造适宜獐生活的栖息地，并引入 20 只青壮年、健康的獐个体，通过适宜性管理，促进它们在自然状态下繁殖，种群增长 50% 左右；② 到 2018 年，獐的个体数量超过 60 只，增长率超过 200%。

　　项目的中期（至 2023 年的 10 年内）目标是：根据环境和獐种群监测结果，进行栖息地质量评估；增加獐的个体数量，优化种群结构，在建立能自我维持的种群基础上进行野放。

　　项目的长期（至 2028 年的 15 年内）目标是：① 引入的獐在新浜林地继续保持能自我维持的健康种群，并向周边适宜栖息地输送健康个体；② 野放的獐成为上海郊区生态恢复的旗舰物种，有助于推动上海郊区的自然生态系统修复，并最终成为建设美丽中国的上海元素。

4.4.3.4　主要做法

　　（1）前期技术准备

　　先后完成新浜林地的本底调查、《新浜林地獐种群恢复与栖息地改造项目建议书》、獐重引入相关指南等资料的收集和技术的积累，使整个项目的设计和实施都建立在对以往獐科学研究的总结和新浜林地现实情况基础上。

　　（2）栖息地水系调整

　　新浜林地獐栖息地原有水域面积约 1 060 m²。采用拓宽、加深、疏通等措施，增加了河道蓄水量，水源面积不少于 4 000 m²，且全年保持水流不中断，可为獐提供充足、优良的饮水。河岸也进行了改造，修整为约 15°的斜坡，更方便獐的饮水；同时种植芦苇、菖蒲等水生植物，使其有隐蔽度非常高的潮间带，扩大了獐可利用的隐蔽环境，也防止水源破坏。

　　（3）栖息地植被改造

　　综合考虑乔灌木种类与密度、草本植物种类与盖度，将新浜林地獐栖息地主要分为 A 区、B 区、C 区、D 区进行植被改造（图 4 - 77，另见彩色图版 11），目的是提高獐的食物供应。

　　A 区面积 3.73 hm²，其中有较大面积的水塘，多数地点植被覆盖度高，隐蔽性好，能满足獐饮水和活动所需；小部分地点植被覆盖度低，不足 10%，需要弥补。B 区面积 2.87 hm²，原来较为空旷，地面覆盖度较低，改造时补种草本植物，同时增加乔灌木比例。C 区面积 2.2 hm²，临近水源且种植大量毛竹，除小部分地点的林下植被较少外，其他地点植被郁闭度很高。A 区、B 区、C 区都播种豆科植物大巢菜、小巢菜和车轴草等，使春季的豆科植物覆盖度超过 60%，獐的可食植物覆盖度超过 90%。

　　D 区面积 8.53 hm²，林下植被丰富，草本植物生长茂盛。改造时对其中的枫香林和杜英林小范围进行抽稀，同时播种蒲公英、马兰等菊科植物，使春季时菊科植物覆盖度超过 60%，獐总可食植物的覆盖度超过 90%。

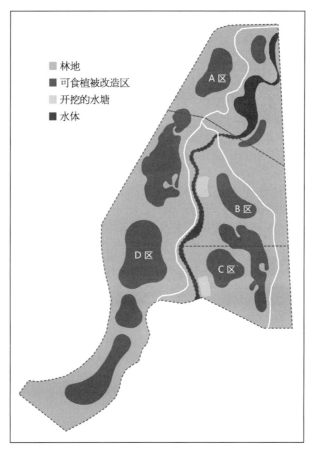

图 4 - 77　新浜獐种群恢复栖息地改造总体规划

　　此外,在林地的围栏内种植毛竹,用于减轻外部道路噪声的影响;在围栏外种植枳(枸橘),避免外来人员对獐的伤害。道路两旁 3 m 以外的区域补种毛竹和灌木,使林地的郁闭度超过 80%。

　　(4) 野放区的选择和獐的野放

　　选择新浜林地北部楔形地块为獐的野放区。该地块人为干扰少,有固定水源,且隐蔽度高。

　　新浜獐的种源来自松江浦南林地繁殖成功的优质个体。首次野放了獐 20 只,包括雌性 11 只、雄性 9 只,雌:雄比例为 1.22:1;其中 2 只雄獐进行了标记,并佩戴 GPS 项圈跟踪系统(图 4 - 78)。工作人员严密跟踪野放后獐的活动规律、活动范围等信息,监测其种群动态,及时进行个体补充或调整。同时,采用行为学研究方法,并借助视频、红外成像设备等技术手段,对这些獐进行其他生理生态指标的测量、观察,获得的数据被用于评估它们对新栖息地的利用和适应性,以便及时调整和完善项目计划。

　　工作人员每天早晚两次定时投喂饲料,饲料由青绿饲料(三叶草)和干饲料(豆粕)组成;记录每次的饲料投喂量,以及上次投喂的饲料剩余量。他们还与上海动物园保持密切联系,及时对伤病的獐个体采取救护措施,并预防疾病的发生。

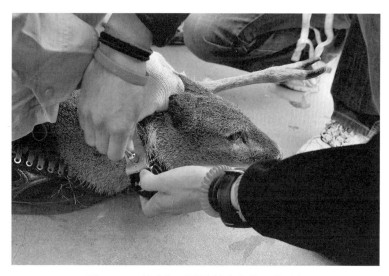

图 4 - 78　给在新浜野放的獐安装跟踪设备

（5）宣传警示系统建设

野放区周围新建总长 2 350 m 的围栏，新围栏与旧围栏之间保留宽 2～3 m 的间隙，用于种植枳，防止成年獐个体跳出围栏或幼獐从围栏底端逃逸。

在野放区进出口处设立标牌，提示该地为獐的野放区，并附相关警示信息。

（6）监测管理系统建设

獐野放区配备两位具备动物养殖经验的监测管理员和一位兽医，负责獐的守护和管理。

初次野放獐并等它们的活动形成獐道后，在獐道上方布设红外线摄像头和红外相机，其中摄像头拍摄的画面同步转接至监护室，让工作人员能及时观察到獐的活动情况。工作人员还布设监测样点，对野放的獐进行长期监测和管理。

4.4.3.5　主要成效

（1）完成了獐栖息地的改造，提高其适宜性

改造后的新浜林地獐栖息地内植物多样性增加，食物更丰富，能够满足獐野放后的营养和能量需求。道路两旁的毛竹，以及岸边等区域茂盛的地面植被，都为獐提供了良好的隐蔽条件。充足、优良的水源，以及小于 15°的坡岸，都保障了獐的饮水。工作人员在监测过程中，发现下河饮水的獐能轻松地从坡岸上回到陆地。

（2）建立相对稳定的獐种群

引入新浜的獐均为健康的成年个体，且数量在环境容纳量范围内，因而它们很快就适应了新环境，并在当年开始繁殖（图 4 - 79）。在野放后的一年内，新浜林地獐栖息地共发现 3 只新生幼獐，分别为 2015 年 6 月的 1 只和 7 月的 2 只。引入獐时加大了雌性个体的比例（雌獐比雄獐多 2 只），有利于种群的扩繁，使后续的野放有稳定的种源。

（3）有效地开展监测

项目组对野放的獐进行持续的监测，能够对它们的变化做出及时、有效的反应，保障

图 4 - 79　新浜林地中的獐(2014 年 3 月)

了重引入项目的顺利进行。通过红外影像记录和直接观察发现,野放后的獐个体的健康状况良好,毛色正常,没有异常行为,也未曾患病。

獐道集中在栖息地北部,意味着该地块能够为野放的獐提供比南部更好的食物资源、隐蔽条件等生存要素,也说明野放区选择的正确性。

4.4.4　崇明区东滩湿地公园扬子鳄种群恢复与野放和栖息地改造项目

4.4.4.1　项目背景

扬子鳄属爬行纲鳄目鼋科,又称鼍,是我国特有的珍稀鳄种和国家一级保护野生动物。20 世纪 60 年代以来,由于栖息地片段化、岛屿化,加之人类生产活动的负面影响,扬子鳄的分布区急剧缩小,物种濒临灭绝。到 20 世纪末,野生扬子鳄主要分布在安徽省南部的宣城市(宣州区、泾县、广德市、郎溪县)和芜湖市(南陵县)的山地丘陵,野生个体数量已不足 120 条,成为当时世界上最濒危的鳄类之一。

20 世纪 90 年代,原国家林业局实施了人工繁殖扬子鳄个体放归自然的工程。实践证明,通过在适合扬子鳄生存的栖息地引入人工养殖个体,复壮原有甚至新建野生种群都是可行的。

上海是扬子鳄的历史分布区之一。2001—2003 年,华东师范大学的科研人员通过实地调研,论证了崇明东滩湿地现有环境能满足扬子鳄的生存和繁衍。2007 年,经原国家林业局批准,来自美国和浙江的 6 条扬子鳄成体(4 雌 2 雄)被引入崇明东滩并野放至崇明东滩湿地公园。经过长期遥测跟踪,这批首次被引入该公园的扬子鳄的野放(以下简称"初始野放")获得了初步成功。不仅这 6 条个体在野放的当年能够很好地在崇明东滩湿地公园内觅食、打洞与交配,而且它们繁殖出的子代个体也能够顺利存活与生长发育。

然而,根据种群调查结果,崇明东滩湿地公园初始野放的扬子鳄所建立的种群仅占据可利用的栖息地的一部分,该公园还可以容纳更多的扬子鳄个体。为了提高崇明东滩湿地公园内扬子鳄的基因多样性,优化种群结构,建立更加稳定的野生种群,有必要再次引入一定数量的外源扬子鳄个体。

4.4.4.2　栖息地基本情况

　　崇明东滩湿地公园位于崇明岛的最东端,西起 92 大堤,东至 98 大堤,北至长江口北支水道末端,南至北港水道,毗邻上海崇明东滩鸟类国家级自然保护区,其地理坐标为:东经 121°56′04″—121°57′19″,北纬 31°30′44″—31°31′33″。公园规划面积约 647 hm²,项目开展前已对外开放的面积约 181 hm²。其中,崇明东滩湿地公园扬子鳄种群恢复与野放和栖息地改造项目(以下简称"崇明东滩湿地公园扬子鳄种群恢复项目")的工程实施范围约 2 hm²(图 4 - 80)。

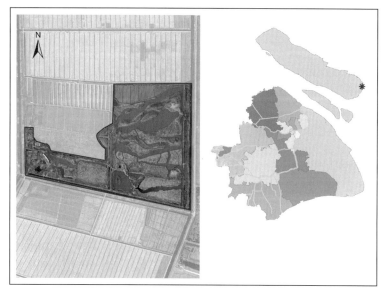

图 4 - 80　崇明区东滩湿地公园扬子鳄种群恢复与野放和栖息地改造区位

　　崇明东滩湿地公园原为长江下泄的泥沙淤积沉降而成的滩涂湿地,1998 年围海筑堤后,原有的自然湿地逐步向人工湿地(鱼塘、蟹塘、人工沟渠)转变,但仍有相当数量的芦苇荡得以保存,因而环境质量总体上优于上海市许多其他区域,具有不可多得的生态优势。该公园内多为草本沼泽,其库塘的水主要为淡水,偏碱性。

　　崇明东滩湿地公园属于国有土地,使用权属于上海实业东滩投资开发(集团)有限公司。

　　扬子鳄种群恢复项目实施前的本底调查结果显示,崇明东滩湿地公园有大型底栖动物 4 种,分别为日本沼虾、克氏原螯虾、铜锈环棱螺和耳萝卜螺;鱼类 10 种,其中鲤科 9 种(主要为鲢、鳙等放养鱼种)、鳉科 1 种;鸟类 40 种,主要为麻雀、家燕等常见鸟种;两栖类 4 种,分别为金线蛙、黑斑蛙、泽蛙、中华大蟾蜍,其中中华大蟾蜍和金线蛙较常见;兽类主要为刺猬。本底调查同时发现,项目实施前原有扬子鳄至少 10 条。其中,体长大于 120 cm 的个体有 3 条,根据标记确定它们为 2007 年初始野放的个体,其余个体均为它们的子代(图 4 - 81)。从体长分布推算,这些子代个体至少孵化于 3 个不同的年份,即自初始野放至 2015 年,放归的个体至少有过 3 次成功的繁殖。

图 4-81　崇明东滩湿地公园的成年扬子鳄(2015 年 7 月)

4.4.4.3　问题分析与对策思路

(1) 问题分析

根据本底调查和其他相关研究,崇明东滩湿地公园在项目实施前存在如下几个方面的问题。

一是鱼类和底栖动物较少,影响到扬子鳄的食物供应。本底调查取样获得的鱼类种数仅占该地原有鱼类种数的 37.04%,麦穗鱼、棒花鱼等多种本地常见鱼类未采集到。抽样获得的底栖动物种类和数量也较少,许多该水域原有的其他底栖动物未见。据推测,这是因为该公园由滩涂湿地围垦而成,与外界河道隔断,公园外的水生动物难以迁入。此外,公园内水生植被较少,群落结构单一,影响整体生物多样性。

二是原有扬子鳄个体过少,种群增长缓慢。一般来说,扬子鳄的性成熟年龄在 9～11 岁,因此推测公园内孵化的首批幼鳄将在 2015 年后不久达到性成熟年龄,然后可参与繁殖。但由于届时东滩湿地公园内性成熟的扬子鳄个体过少,种群的增长会受到影响。此外,原有扬子鳄种群内的多数个体之间亲缘关系较近,存在近交退化的可能。

三是扬子鳄生存环境的局限:① 缺乏泥质岸坡,不利于挖洞筑巢;② 岸坡植被覆盖度低,不利于巢穴的隐蔽;③ 浮水植物不足,幼体难以隐身;④ 筑巢产卵等关键区域缺乏警示标识;⑤ 内外水域连接处防逃逸设施不足。

(2) 对策思路

针对上述问题,崇明东滩湿地公园扬子鳄种群恢复项目采取了以下思路和对策:① 增加扬子鳄的食物供应;② 改造人工岛屿地形地貌,便于扬子鳄挖洞越冬;③ 提升人工岛屿植被覆盖度,增加隐蔽性,为扬子鳄的繁殖提供条件;④ 为扬子鳄营造相对独立、环境良好的邻水区域,同时减少游客对它们的干扰。

4.4.4.4　项目目标

根据项目实际情况,分别制订涉及栖息地建设、食物供应、环境维护三个方面的具体目标。① 栖息地建设目标:改变扬子鳄栖息地内的地形和植被,改善扬子鳄的生活环境,完善防扬子鳄逃逸系统。② 食物链建设目标:通过人工投放扬子鳄食源物种等方式,提高底栖动物、两栖类和鱼类的种类和数量,保证扬子鳄的食物种类不少于 10 种,形成以扬子鳄为关键种的完整食物网。③ 环境维护目标：完善监测体系，通过人工巡查和电子设备监控等方式，全面监控扬子鳄繁殖和逃逸情况；增设宣传警示标识，减少游客的干扰。

项目目标将分三个阶段实施。① 短期目标（2015—2020 年的 5 年内）是：构建以扬子鳄为代表物种的食物网，营造适宜扬子鳄生存和繁殖的环境；适当引入扬子鳄成年个体，形成数量约 30 条的较为稳定的野生种群，并丰富种群的基因库。② 中期目标（至 2025 年的 10 年内）是：在完善栖息地管理的基础上，使扬子鳄野生个体数量增至 50 条，并开展扬子鳄种群基因和遗传谱系的研究。③ 长期目标（至 2030 年的 15 年内）是：扬子鳄数量增至约 80 条，形成稳定、健康、结构合理的野生种群。

4.4.4.5　主要做法

（1）扬子鳄原有个体数量的调查

2014 年 4 月和 7 月、2015 年 5 月，华东师范大学、国际野生生物保护学会和相关管理部门联合开展了崇明东滩湿地公园扬子鳄种群的调查。调查人员在白天利用望远镜扫视水域和水陆交界处，寻找扬子鳄实体；在夜间用强光手电筒扫射水面，根据扬子鳄眼睛反射红光的特性确定其数量和位置，并根据扬子鳄的运动速度和生活习性进行个体判断，防止与白天重复记数。每次调查基本覆盖崇明东滩湿地公园的绝大部分水域。

（2）扬子鳄环境容纳量评估

对公园内扬子鳄可取食物种进行了统计，了解公园内扬子鳄原有食物状况，为栖息地优化和食物投喂提供科学依据。同时，对水体、土壤等理化性质进行了测定。在此基础上，对公园的扬子鳄环境容纳量进行评估。

（3）栖息地适宜性改造

一是野放区地形改造。对扬子鳄本期野放区进行改造，建成一个相对封闭的人工小岛——鳄鱼岛，并用泥土堆高该岛（图 4－82，另见彩色图版 12）。岛的岸边建设一定长度和宽度、相对平缓、软硬适中的泥质岸坡，高度离水面约 0.5 m，将其作为扬子鳄的主要地面活动区域，方便其挖掘洞穴（图 4－83）。

栖息地改造总体规划

实景（2016年7月；注意拍摄方向与图4-80相反）

图 4－82　崇明东滩湿地公园扬子鳄栖息地改造总体规划和实景

图 4-83　崇明东滩湿地公园鳄鱼岛岸坡

　　二是鳄鱼岛绿化。在鳄鱼岛具有岸坡的区域种植多种植物，提高植被盖度，增加扬子鳄巢穴的隐蔽性。附近水域中增加一定的浮水植物，为扬子鳄幼体提供隐蔽物。

　　三是水系沟通。通过新建涵闸和人工泵，提升栖息地与外界水体交换的能力，有助于公园外一些小型水生动植物的迁入，逐渐恢复健康的水生生物群落。

　　四是驳岸设置和景观石放置。不仅在鳄鱼岛放置景观石，还在远离游客的水域中建造栖息平台，为扬子鳄提供晒太阳的区域（图 4-84）。

图 4-84　崇明东滩湿地公园扬子鳄栖息地驳岸种植

　　五是投放水生动物。在栖息地中的水域投放一定数量的螃蟹、相手蟹、螺、蚌和鱼苗，人为增加水生动物多样性，丰富扬子鳄食物来源。

　　（4）监测和宣教设施建设

　　一是防逃逸围网建设。在鳄鱼岛附近水域外围设置防逃逸围网；在湿地公园内部水域与外部水域连接处，利用孔径相对较大的渔网、铁丝网进行隔离，避免扬子鳄逃逸。

　　二是科研观察木步道建设。在扬子鳄栖息地新建科研观察木步道,并对原有木步道进行修缮,便于科研观测及科普宣传(图4-85)。

图4-85　崇明东滩湿地公园的木步道和扬子鳄科普宣传牌

　　三是宣教与警示设施建设。① 在湿地公园内,尤其是扬子鳄筑巢产卵区域,增加一定数量的科普宣传与警示牌,避免游客干扰扬子鳄的正常生活。② 在公园内部与各个路口增设监控设备,用于观察扬子鳄的行为,同时也可预防偷盗扬子鳄。③ 建立扬子鳄科普馆,将扬子鳄野放和栖息地改造成果转化为公众易于理解的科普宣传材料,纳入公园科普宣教体系,向公众宣传扬子鳄保护知识(图4-86)。

图4-86　崇明东滩湿地公园扬子鳄科普馆外景

(5) 扬子鳄野放和后期环境评估与监测
　　一是引种和野放。在野放区适宜性改造完成后,从安徽宣城扬子鳄国家级自然保护区引入 6 条健康的扬子鳄成体(2 雄 4 雌)，体长为 148~163 cm。每条引入的扬子鳄的尾部鳞片和血液都进行取样，通过微卫星基因检测手段对个体进行分子识别和鉴定，建立遗传谱系；尾部还安装了信号发射器(图 4-87)。在确定手术部位愈合且无感染后，它们被转移至栖息地中野放。

图 4-87　给在崇明东滩湿地公园野放的扬子鳄安装信号发射器(2015 年 6 月)

二是后续监测。工作人员采用三角定位法，对扬子鳄进行长期无线电遥测，并绘制它们的家域图。同时，在鳄鱼岛周边不同位置共安装 6 组激光数字高清红外摄像头，基本覆盖了全部扬子鳄活动区域，用于对新引入的扬子鳄日常活动与行为进行监测，并对栖息地质量进行评估(图 4-88)。

图 4-88　崇明东滩湿地公园扬子鳄监控系统

4.4.4.6　主要成效

一是掌握了崇明东滩湿地公园原有扬子鳄种群状况。根据种群调查结果,2007 年的扬子鳄初始野放实践是成功的,野放的 6 条个体中至少有 3 条长期适应了东滩湿地公园的环境,而且它们都主动选择在公园内定居,并至少有断续的繁殖,可以预测其个体数量将不断增长。因此,崇明东滩湿地公园是扬子鳄放归的理想地点,再次引入扬子鳄可加快其建立稳定种群的步伐。

二是栖息地改造效果良好,扬子鳄的适应性较好,无个体意外死亡的事故,实现了预期目标。一方面,根据观察,2015 年野放的 6 条成年个体当年全部成功越冬,身体状况良好,无不良行为表现,也没有出现为争夺领域而打斗的现象。据此推测,崇明东滩湿地公园野放区改造后适宜栖息地面积足够大,能支持这些第二批野放的 6 条成年个体和初始野放后在该地繁殖出来的原有的 2 条亚成体分配。另一方面,这 6 条成年个体均在野放区内打洞,反映了坡岸设计的合理性。工作人员在监测时,经常能观察到扬子鳄趴在景观石上晒太阳(图 4 - 89)。根据遥测和直接观察的结果,至少有 4 条新野放的成体和 1 条原有野生亚成经常在鳄鱼岛附近活动,说明了对该岛的大量改造投入和重视是合理且必要的。2016 年后还观察到扬子鳄筑巢现象,至少发现巢穴 3 个,说明新引入的扬子鳄已经完全适应并开始繁殖(图 4 - 90)。

图 4 - 89　在景观石上晒太阳的扬子鳄(2018 年 8 月)

图 4 - 90　从水中靠近巢的扬子鳄(2018 年 7 月)

三是对扬子鳄家域的研究为其他地区扬了鳄重引入提供了理论基础。此次野放的扬子鳄个体对面积有限栖息地的良好适应，表明扬子鳄的家域面积具有很大的弹性和可塑性，意味着单从扬子鳄对栖息地面积的要求上看，在可控、有局限的近自然生境，例如湿地公园、城市公园和郊野公园，野放归人工养殖的扬子鳄并建立种群是可能的。

第5章 栖息地修复管理的经验、教训与思考

5.1 工作经验

5.1.1 城市生态保护空间有效拓展

建立自然保护区是目前我国保护野生动物栖息地的主要模式之一。上海已建成国家级自然保护区 2 个和市级自然保护区 2 个,自然保护区面积合计达 1 126.29 km²。但在这个人口密集、城市化程度高的特大型城市,自然保护区的规划和建立受到种种制约。同时,高度的城市化使得野生动物的栖息地呈现出破碎化、片段化等特征,往往只能采用建立野生动物保护小区、野生动物重要栖息地等形式,想方设法来保护这些彼此隔绝、孤岛状的栖息地,作为对自然保护区的补充。

2013—2017 年,上海市共实施了 8 个野生动物重要栖息地修复、4 个极小种群恢复与栖息地改造项目(以下合称"野生动物重要栖息地修复和极小种群恢复项目",或简称"野生动物重要栖息地修复项目"),相关工程实施面积合计约 242.93 hm²,共保护重要栖息地 1 044.4 hm²。通过改造、重建等工程项目对这些退化、受损栖息地进行修复,逐步恢复了这些重要野生动物栖息地的功能,为野生动物提供一个栖息和繁衍的场所,有效地拓展了城市生态保护空间。

5.1.2 技术支撑

5.1.2.1 技术支撑团队

栖息地修复是专业性很强的综合工程,涉及很多专业领域,尤其是动物学、植物学和生态学。因此,上海市林业局等野生动物保护主管部门邀请华东师范大学、上海师范大学、同济大学、复旦大学等高校作为上述重要栖息地修复和极小种群恢复项目的技术支撑单位,这些单位的专家团队参与整个项目实施过程,并主要负责工程实施区域的本底调查和项目概念设计、工程实施过程中的技术参数调整与优化,以及工程结束后的质量评估等工作。

5.1.2.2 工程前的本底调查和概念设计

对于选定的重要栖息地修复区域,相关管理部门要求技术支撑单位先开展本底调查,以充分掌握目标区域各项环境因子的状况与存在的问题。本底调查的主要内容有动物组成、植被类型、植物组成、水系现状、人为干扰等,调查所获得的信息能真正反映拟修复区域的基本状况。基于本底调查和其他相关资料,通过科学的评估,确定了存在的主

要问题,并对问题的根源做出科学分析。

根据本底调查和评估的结果,技术支撑单位提出与修复区域现状相匹配的修复方向和修复目标;针对拟修复区域的主要问题,结合栖息地的特点或恢复对象的生存需求,提出修复工程的概念设计方案,然后由项目实施单位组织相关专家审核。

项目设计单位根据概念设计方案的总体思路,结合拟修复区的实际情况,开展相关工程设计。设计单位在设计过程中与技术支撑单位充分沟通,并将相关技术参数落实到工程作业设计方案中。设计单位在完成设计后,需征求技术支撑单位的意见。

5.1.2.3　建设期的技术优化和质量控制

在获得项目作业设计方案的正式批复后,项目实施单位根据各区的实际情况,开展相关修复工程的招标工作,确定项目的施工单位和监理单位。项目施工单位根据作业设计方案的内容,进行工程的现场核实,如果发现有缺项、漏项,或的确因各种因素无法施工的情况,及时向项目实施单位提出。在此情况下,项目实施单位组织施工单位、监理单位、设计单位和技术支撑单位的相关人员进行沟通和协商,对作业设计方案进行细微调整。项目作业设计方案的确要较大幅度调整时(超过该项目资金额度的5%),项目实施单位根据调整内容提出项目调整申请,经批复同意后,项目施工单位才能继续施工。

在项目施工过程中,各区的项目建设单位不定期地对工程的实施进行质量抽查,以保证工程的质量。

5.1.2.4　工程后的指标监测与效益评估

根据相关管理规定,在项目验收前,项目实施单位委托项目技术支撑单位及时进行相关环境指标的监测工作。监测基本上由开展本底调查的单位进行,保证了指标体系和实际操作的一致性。

在项目设计中,监测的指标体系与本底调查基本一致,都以与目标物种(或类群)相关的生态因子为主要对象,兼顾水质、植物、动物、环境教育、管理成效等方面。第一个监测期一般为工程完工后一年。技术支撑单位根据监测获得的数据,对照本底调查中发现的问题和作业设计的目标,对整个工程的实施和管理成效进行综合评估,并形成监测评估报告,作为项目验收的重要材料之一。

在项目施工完成后,项目实施单位开展工程的后续管理,或委托有相应能力的其他单位进行维护。项目维护管理单位按照要求,规划了长期的维护和监测方案,并且每年对关键指标至少开展一次监测工作。

5.1.3　技术导则编制

在政策设计时,特别为重要栖息地修复和极小种群恢复项目的技术提炼和总结预留了经费。市林业局委托技术支撑单位开展相关技术标准的研究,要求这些单位通过收集国内外类似的案例,在总结自身项目设计、相关施工经验的基础上,归纳各个修复工程的特点、创新点、技术难点、后续管理要点和难点;同时对实施过程中的经验和教训进行梳理,提炼出本市相关类型栖息地的修复技术和极小种群重引入技术。

随着项目的不断推进,各技术支撑单位先后开展了《扬子鳄重引入栖息地建设与野放技术规范》《獐重引入栖息地建设与野放技术规范》《狗獾重引入栖息地建设与野放技术规范》《上海蛙类栖息地建设与修复导则》《上海林地鸟类栖息地建设与修复导则》等技术规范和导则的前期研究,并根据 2016—2018 年"林业三年政策"实施过程中所取得的经验,对这些研究成果进行补充和完善,今后将逐步申报并上升为地方标准或地方技术规范。

5.1.4　能力培养

不同修复项目因所在区域的栖息地特点、目标物种(类群)和外部环境不同而各有特色,需要在前期规划与设计、中期实施、后期管理的各个环节,坚持"因地制宜、修复为主"的原则。区级野生动物保护主管部门根据项目要求,本着培养人才和锻炼队伍的目标,安排专人负责,参与修复项目的全过程。

在本底调查、概念设计和作业设计方案制订过程中,项目实施单位的管理人员与技术支撑单位、设计单位的团队密切合作,除了做好沟通协调,还认真理解并领会设计意图,根据修复区域的实际情况,提出合理的改进建议。在项目实施过程中,他们仔细协调施工单位、监理单位等参与单位的关系,监督工程进展和施工质量,确保施工安全,并及时召集相关各方召开工程推进会议。在项目验收后,他们及时进行总结和梳理,归纳经验与教训,编制项目后续维护方案,并开展或委托第三方开展后续维护。在这些项目的推进、实施和验收过程中,各区相关管理人员在理论和实践上都得到较好锻炼,野生动物保护能力得到培养和提高。

5.1.5　科普教育基地建设

野生动物重要栖息地修复和极小种群恢复项目的实施,不仅为野生动物提供安全的栖息环境,也为广大市民和中小学生提供了科普教育的场所。在项目的设计阶段,主管部门就要求项目实施单位和设计单位根据现场条件,在实施区域布置相关科普设施,有条件的区域还应建立科普展示中心;科普设施应根据区域特点、实施内容、项目特色等要素进行合理布置,以宣传牌、展示牌、警示牌等形式呈现,介绍本项目(或本行政区)的生物多样性资源、植物群落构成、目标物种(类群)、项目成效等内容,并以视频等多媒体呈现、实物展示等形式,为人们提供全方位的科普体验。

经过几年的项目建设,所有 12 个项目都完成了科普教育设施和环境教育解说系统的建设,其中浏岛野生动物重要栖息地修复项目、申亚狗獾种群恢复项目、崇明东滩湿地公园扬子鳄种群恢复项目等还建成了较为完整的科普展示中心。在项目验收后,有关部门还要求各区野生动物保护主管部门根据项目区域的环境教育容纳量,通过"预约制"开展市民和中小学生的环境教育工作,并将各项目开展科普教育的成效列为后续管理的考核内容之一。野生动物重要栖息地建设形成的科普教育基地能在市民体验自然、享受野趣的过程中,将栖息地修复与极小种群恢复技术和知识传达给公众,从而有效地提高市民的保护意识。

5.2 工作教训

由于这是上海市第一次通过工程化的手段开展野生动物重要栖息地生态修复和极小种群恢复与野放项目，虽然在市级层面出台了《2013—2015 年上海市野生动物重要栖息地建设管理项目建设指导意见》《2013—2015 年上海市野生动物重要栖息地建设管理项目实施管理办法》《2013—2015 年上海市极小种群物种恢复与野放项目建设指导意见》等一系列规范性文件，对实施范围与计划、实施内容与要求、实施程序与管理、政策标准与资金、检查验收与责任追究等内容作了较为详细的要求，在技术保障上也制定了技术支撑单位和设计单位共同参与的双保险策略，但是在项目具体实施的选址、施工进度、区级主管部门层面内部程序、技术支撑单位工作界面划分等方面，还是遇到较多问题，碰到诸多困难。为了今后更好地开展栖息地修复项目，现将有关教训进行总结，供有关部门和野生动物保护工作者借鉴。

5.2.1 实施区域落地困难，调整较多

从 2012 年开始，经过市、区两级野生动物保护主管部门多次沟通，初步确定了 12 个野生动物重要栖息地修复和极小种群恢复项目地点。然而，在项目落地的过程中，发现部分项目上报时未做充分的排摸和本底调查，也有的项目由于各种客观条件变化，不再适合开展栖息地项目。这 12 个具体项目中，涉及实施区域调整的多达 8 个，其中 6 个项目调换了实施区域，另外 2 个项目缩小了实施范围，项目调整率达到 67%。

项目实施区域调整的原因较多，其中主要原因是部分生物多样性丰富、拟实施修复项目的区域，原来其实是农业用地或建设用地，在规划上早已有了明确的方向，且不归属于林业部门管理。实施区域调整的次要原因是在项目调研初期，相关主管部门与土地所有方和管理方沟通不足或缺乏沟通。调整实施区域意味着从本底调查到项目设计等前期工作要重新开始，影响了项目进度。

从以上问题得出的教训是：确定项目实施区域必须由项目管理者与当地政府及土地所有者充分沟通并达成共识，同时项目实施区域必须与所在行政区规划对接，项目目标保持与当地规划方向高度一致。

5.2.2 实施程序和资金管理不明确，协调任务重

由于各区对项目管理和资金使用缺乏统一的要求，项目的实施程序和资金管理不明确，协调任务重。在《2013—2015 年上海市野生动物重要栖息地建设管理项目实施管理办法》中，仅对市级层面的项目实施程序和资金管理要求作了细化，缺少区级层面的具体操作程序规定。各区野生动物保护主管部门和项目实施单位缺少经验，部分区在项目推进过程中遇到土地所有权归属、是否需区发改委立项、项目固定资产归属、项目招投标平台确定、项目资金渠道明确、项目原管理方与项目后续管理的关系等问题的困扰，直接导

致一些项目需要在区级发改委、财政局等部门反复协调,延误了项目的进度。

5.2.3　参与单位经验不足,工作界面不清晰

按照项目最初构想,市林业局推荐了部分位于上海市的高等院校的专家为项目提供技术支撑,承担项目前期本底调查和概念设计工作。然而,部分专家团队虽然理论功底扎实,但存在工程实践经验不足的问题,导致编制的技术指导缺乏针对性和有效性。

在专家团队编制概念设计方案的基础上,设计单位负责编制具体的作业设计方案、施工图和概算。遗憾的是,野生动物栖息地修复是新兴的事物,但设计单位多为绿化和园林设计方向,其设计人员基本缺乏野生动物与生态保护专业背景和栖息地修复设计经验,编制的作业设计方案中存在不"接地气"和偏园林景观的现象。此外,专家团队与设计单位的沟通和交底有时也不充分,概念设计方案与作业设计方案既存在较多的重复,又有"空隙",工作界面不清晰,有时甚至相互推诿和扯皮。

5.2.4　项目实施方案质量不高,深度不够

根据《2013—2015 年上海市野生动物重要栖息地建设管理项目实施管理办法》的要求,项目建设单位委托项目设计单位完成项目实施方案编制后提交市林业局批复。由于某些项目调整较多,设计单位在时间紧迫和经验不足的情况下,编制的项目实施方案存在质量不高和深度不够的现象。

市林业局收到项目实施方案后,会组织生态学、植物学、动物学、工程管理、财务审计等方面的专家,以评审会的形式对方案进行审核,由专家组对实施方案进行把关并提出修改建议。由于评审会存在时间较短或其他问题,评审专家很难提出较为具体而有针对性的建议,对方案的改善和提升作用不明显。

针对这个问题,在第二轮修复项目实施的过程中,已经通过委托第三方专业投资咨询机构对审核的形式进行弥补,严格明确项目审核要求,提高实施方案的质量。

5.2.5　项目过程管理不足

在项目推进过程中,相关部门比较重视实施方案的编制和项目前期的协调,制定了严格的项目审批程序和验收管理办法,详细规定了验收形式、内容、材料和程序。但是,对于实施过程的监督,除了抽查和调研外,相关部门并没有设计有效的管理抓手。部分项目建设单位和实施单位管理不到位,同时施工单位与设计单位沟通不足,偏离"按图施工"要求,以及施工质量、进度和资金可能存在的问题,都影响了项目效益的发挥。

另外,虽然事前要求项目实施单位多留照片等影像资料,以便反映施工情况,但是没有提出具体的要求和标准,导致在提炼时没有足够数量且质量好的影像资料,给项目总结和宣传留下遗憾。针对这一问题,今后将委托专业的第三方机构在项目推进过程中开展资金、进程、安全、质量等控制,强化项目过程管理。

5.3 工程后续维护管理建议

野生动物重要栖息地修复和极小种群恢复项目工程完工后，能否维持并增加工程效果，保障项目社会效益的持续发挥，关键在后续的维护管理。因此，在审批和验收阶段，均要求项目实施单位应当明确项目工程后续维护管理的单位，并编制后续维护管理方案。

2016—2017年，大部分项目验收后，已经完成了1~2年的后续维护管理。对比后发现，后续维护管理较好的项目，修复成效逐步显现；后续维护管理缺位的项目，修复效果不甚理想。

为了落实和强化后续维护管理，有关部门已经作了如下部分制度安排，将在下一步工作中加以推进。

5.3.1 明确维护管理要求

2016年，市林业局印发《关于继续加强本市野生动物重要栖息地维护管理工作的通知》（沪绿容〔2016〕381号）。通知要求各区野生动物保护主管部门和有关公司高度重视和切实做好野生动物重要栖息地修复工程的后续维护管理工作，编制栖息地维护管理方案，落实维护管理单位，保障维护管理经费，开展日常巡护管理，组织定期监测评估和做好极小种群物种管理等工作。随该通知同时下达了《栖息地维护管理方案编制提纲》《本市野生动物重要栖息地维护管理工作要点》，统一和规范了栖息地维护管理的标准，明确了工程后续维护管理的具体要求：强化栖息地巡护和设备设施管理，积极开展栖息地监测评估，加强极小种群物种管理，有效开展栖息地科普宣传和生态教育，规范栖息地检查和考核工作，并保障栖息地后续维护资金。

5.3.2 切实保障维护管理经费

资金保障是做好野生动物重要栖息地维护管理的前提，因而市林业局提出了市、区（镇）与公司共同负责解决项目后续维护资金的要求。在市级层面，通过市林业局的部门预算，落实每个项目不低于10万元的后续管理经费作为市级补贴经费。在区（镇）与公司层面，要求各区（镇）林业部门或相关公司根据栖息地维护管理实际需要，向区（镇）或上级公司申请年度预算，落实相关后续维护管理费用。同时，要求野生动物重要栖息地和极小种群后续管理资金应专款专用，资金使用范围及方法应符合国家和本市的相关规定。此外，在保护优先、适度开放的原则下，提倡积极探索引入社会资金支持野生动物重要栖息地后续维护管理。

5.3.3 规范检查和考核工作

从2018年开始，野生动物重要栖息地维护管理工作考核制度启动，用于规范相关检查和考核工作,考核的分数将与市级补贴经费挂钩。根据《本市野生动物重要栖息地维护管理工作要点》,有关部门制定并发布了详细的考核细则。通过对维护管理工作开展考核,并以考核成绩作为市级补贴的依据,可以形成竞争机制,督促各区林业主管部门进一步重视野生动物重要栖息地的后续管理。下一步,还将研究栖息地后续管理考核成绩与年度工作考核部分项目挂钩的政策和措施,进一步加大考核力度。

5.3.4　纳入生态保护红线范围

按照中共中央办公厅、国务院办公厅《关于划定并严守生态保护红线的若干意见》要求,生态保护红线具有优先地位,是编制空间规划的基础,原则上按禁止开发区域的要求进行管理,严禁不符合主体功能定位的各类开发活动,严禁任意改变用途;确需调整的,要按程序报国务院批准。因此,将野生动物重要栖息地划入生态红线,对于维护野生动物重要栖息地的稳定性和可持续性、巩固生态保护优先的成果具有重要意义。

根据多次调研和协商,崇明西沙国家湿地公园、嘉定浏岛、松江新浜、青浦大莲湖、宝山陈行-宝钢水库和崇明东滩湿地公园共 6 个重要栖息地修复和极小种群恢复项目的主要区域(约 309 hm²)纳入全市生态红线保护空间。这将极大地推动对这些重要栖息地和生活在其中的野生动植物的保护,并充分发挥它们的生态功能。

5.4　对未来生态修复的思考

5.4.1　栖息地管理办法的制定

随着 12 个修复项目的实施,上海形成一批特色鲜明的野生动物重要栖息地。为进一步规范从选址、建设到后续维护的一系列管理措施,应当尽快制定规范性文件,明确立项条件、实施方案编制、土地权属、资金使用、调查与监测、项目监测、项目实施过程控制、项目验收、后续维护管理等要求,同时明确项目建设单位、设计单位和实施单位各自的职责和权利,以行政管理手段确保项目推进的规范、有序,过程可控,成果稳定,成效显著。

5.4.2　野生动物重要栖息地项目库的建立

选好地址是野生动物重要栖息地修复项目成功的前提。因此,兼顾栖息地的生物多样性、基层有关部门和利益相关方的意愿、项目区域规划的用途等方面的因素,是避免立项后调整范围,减少项目协调消耗时间的有效手段。

市级层面应注重栖息地选址的质量,充分利用第二次野生动植物和湿地资源调查及历年专项监测的成果,梳理出环境质量较好、适宜作为野生动物栖息地的区域。区级层面应更加关注本行政区内的生态建设和区域规划发展,充分调研基层意愿,将有意愿且规划发展方向为生态保护的区域发掘出来。最后市、区两级遴选出来的区域进行对接,选出"公约数",形成栖息地项目库,为栖息地建设的可持续发展提供保障。

5.4.3 积极开展湿地生态修复项目

上海濒海临江，湿地资源丰富，类型多样（有 5 类 13 型），面积约 4.646×10^5 hm²；湿地率 70%，位居全国第一。因此对一些重要的湖泊类、滨海湿地类、河流类和人工类的受损湿地开展生态修复，恢复其净化水质、涵养水源、抵御灾害、承载生物多样性等生态服务功能，是上海市生态文明建设不可或缺的部分，应该大力倡导。

今后将会把湿地生态修复项目作为林业政策的重要组成部分加以推广，进一步丰富野生动物重要栖息地修复项目的内容和内涵。

参 考 文 献

蔡友铭,周云轩,田波. 2014. 上海湿地(第二版). 上海:上海科学技术出版社.

程鲲,马建章. 2008. 城市鸟类管理. 自然杂志,30(2):90-93.

达良俊,陈克霞,辛雅芬. 2004. 上海城市森林生态廊道的规模. 东北林业大学学报,32(4):16-18.

邓文洪. 2008. 栖息地破碎化与鸟类生存. 生态学报,29(6):3181-3187.

国家林业局. 2010. 全国野生动植物保护与自然保护区建设工程总体规划. 中国林业网,(2010-10-12)www.forestry.gov.cn/main/218/20101012/452802.html.

国家林业局. 2015. 中国湿地资源上海卷. 北京:中国林业出版社.

胡忠军,于长青,徐宏发,等. 2005. 道路对陆栖野生动物的生态学影响. 生态学杂志,24(4):433-437.

贾治邦. 2010. 保护湿地与生物多样性为积极应对全球气候变化作贡献.中国绿色时报.(2010-02-09A).

凌静,吴迪,辜彬,等. 2012. 野生动物栖息地保护与营建措施在城镇密集区域生态绿地设计中的应用. 安徽农业科学,40(11):6683-6685.

陆学艺,李培林,陈光金. 2013. 社会蓝皮书. 北京:社会科学文献出版社.

栾晓峰,车生泉. 2004. 城市人工绿化带鸟类群落特征研究. // 中国生物多样性保护与研究进展Ⅵ. 丽江:第六届全国生物多样性保护与持续利用研讨会论文集:287-294.

伦佩珊. 2009. 基于野生动物保护的城市园林绿地规划设计. 北京:北京林业大学(硕士学位论文).

罗华. 2007. 营造生态型景观的设计理念——重视动植物栖息地的保留与再造. 园林,10:46-47.

邱晨辉. 2012. 中科院报告称内地城市化率突破50%. 中国青年报,2012-11-01(06).

全国科学技术名词审定委员会. 2020. 生态修复. 术语在线.[2020-10-30].

彭婷婷,辜彬. 2011. 城市密集区域鸟类群落结构与生境关系分析. 北方园艺,(13):105-108.

上海市人民政府. 2013. 沪府发〔2012〕106号:上海市人民政府关于印发上海市主体功能区规划的通知. 上海政府网. (2013-01-22)[2021-03-31]. www.shanghai.gov.cn/nw29273/20200820/0001-29273_34426.html.

汤臣栋,管利琴,谢一民. 2003. 上海市野生动植物及其栖息地保护管理现状及思考. 野生动物学报,24(6):51-53.

万自明. 2001. 中国野生动植物进出口管理使用手册. 北京:中国林业出版社.

王薇. 2011. 上海农田鸟类区系研究. 华章,(32)：363.

谢一民. 2004. 上海湿地. 上海：上海科学技术出版社.

徐海量,苑塏烨,徐俏. 2020. 干旱区生态修复的实践——以古尔班通古特沙漠为例. 科学,72(6)：14-18.

杨维康,钟文勤,高行宜. 2000. 鸟类栖息地选择研究进展. 干旱区研究,17(3)：71-78.

张恩迪,滕丽微,吴咏蓓. 2006. 江苏盐城自然保护区獐栖息地的质量评价. 兽类学报,26(4)：368-372.

张庆费. 2000. 城市生态公园探讨. //中国生态学学会. 生态学的新纪元——可持续发展的理论与实践. 扬州：中国生态学会第六届全国会员代表大会暨学科前沿报告会：106.

张志明,张林源,胡严,等. 2003. 北京城市生态与野生动物保护管理. 北京林业大学学报(社会科学版),2(1)：40-44.

张秩通,张恩迪. 2015. 城市野生动物栖息地保护模式探讨——以上海市为例. 野生动物学报,(4)：447-452.

周宏力,孔维尧,邹红菲,等. 2006. 哈尔滨城市野生动物管理技术与对策. 东北林业大学学报,34(5)：89-92.

祝宁. 2012. 城市绿地野生动物保育. 园林,(3)：42-43.

Kasahara S, Koyama K, Amano T. 2010. Population trends of common wintering waterfowl in Japan：participatory monitoring data from 1996 to 2009 [J]. Ornithological Science,9(1)：23-36.

Wiens J A. 1994. Habitat fragmentation：island v landscape perspectives on bird conservation [J]. Ibis,137(s1)：S97-S104.

彩色图版

彩色图版 1　松江区泖港鸟类等野生动物重要栖息地修复效果

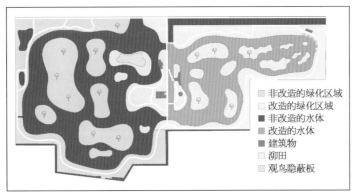

非改造的绿化区域
改造的绿化区域
非改造的水体
改造的水体
建筑物
泖田
观鸟隐蔽板

1	
2	3
4	

1　泖港重要栖息地修复总体规划　　2　修复后泖港湿地景观(2015年10月)
3　在修复后的泖港湿地越冬的野鸭群(2016年3月)　　4　修复后泖港重要栖息地全景(2018年8月)

彩色图版 2　嘉定区浏岛野生动物重要栖息地修复效果

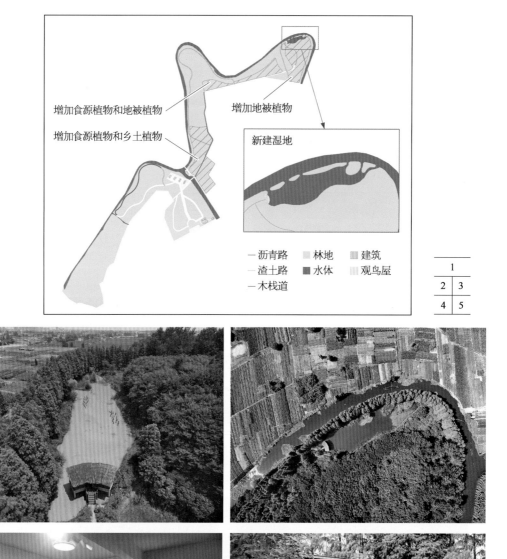

1　浏岛重要栖息地修复总体规划　　2　修复后浏岛重要栖息地局部景观(新增的池塘，2016 年 7 月)
3　修复后浏岛重要栖息地湿地区域(2018 年 7 月)　　4　科普教育展示厅　　5　观鸟屋

彩色图版 3　宝山区陈行-宝钢水库周边野生动物重要栖息地修复效果

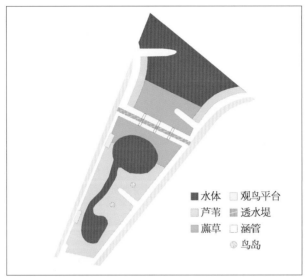

水体　　□ 观鸟平台
芦苇　　▨ 透水堤
蕉草　　□ 涵管
　　　　◎ 鸟岛

1
2
3

1　宝钢重要栖息地修复总体规划　　2　修复后宝钢重要栖息地堆石坝体内部景观(2018 年 8 月)
3　修复后宝钢重要栖息地全景(2018 年 8 月)

彩色图版 4　闵行区浦江蛙类野生动物重要栖息地修复效果

1　浦江重要栖息地修复总体规划　2　修复后浦江重要栖息地全景（2018年8月）
3　修复后浦江重要栖息地局部（2018年8月）　4　修复后的水生植被（2020年6月）

4

彩色图版5 青浦区朱家角虎纹蛙等野生动物重要栖息地修复效果

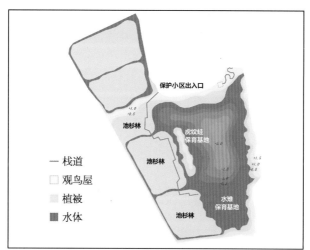

1	
2	3
4	

1　朱家角重要栖息地修复总体规划　　2　修复后朱家角重要栖息地北侧景观(2018年8月)

3　朱家角重要栖息地中自然笔记展板　　4　修复后朱家角重要栖息地南侧景观(2018年8月)

彩色图版 6　青浦区大莲湖蛙类等野生动物重要栖息地修复效果

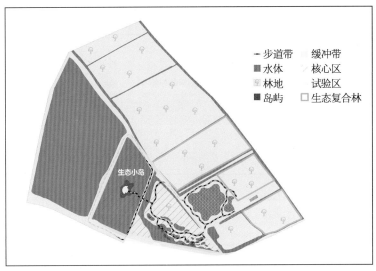

1　大莲湖重要栖息地修复总体规划　　2　修复后大莲湖重要栖息地全景(2018年8月)
3　修复后大莲湖重要栖息地局部(2018年8月)

彩色图版7　浦东新区金海湿地野生动物重要栖息地修复效果

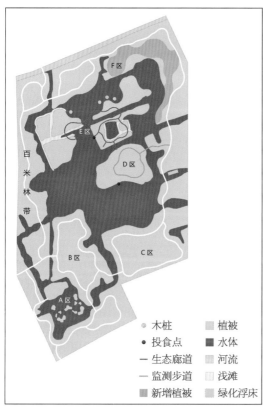

图例
- 木桩
- 投食点
- 生态廊道
- 监测步道
- 新增植被

- 植被
- 水体
- 河流
- 浅滩
- 绿化浮床

百米林带

F区　E区　D区　B区　C区　A区

```
      ┌───┬───┐
      │   │ 2 │
      │ 1 ├───┤
      │   │ 3 │
      ├───┴───┤
      │   4   │
      └───────┘
```

1　金海重要栖息地修复总体规划　　　2　修复后金海重要栖息地北部景观(2018年8月)
3　修复后金海重要栖息地南部景观(2018年8月)
4　修复后金海重要栖息地中的水生植物(2015年6月)

7

彩色图版8　崇明区西沙湿地公园野生动物重要
栖息地修复效果

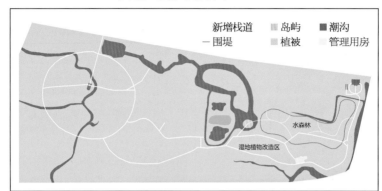

	1	
2		3
	4	

1　西沙重要栖息地修复总体规划　　2　修复后西沙重要栖息地冬景（2017年12月）
3　修复后西沙重要栖息地夏景（2018年8月）
4　修复后西沙重要栖息地中的湿地（2018年8月）

彩色图版 9　奉贤区申亚狗獾种群恢复与野放和栖息地改造效果

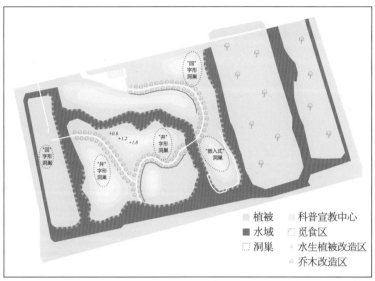

1	
2	3
4	

1　申亚狗獾种群恢复栖息地改造总体规划　　2　改造后申亚狗獾栖息地全景(2018 年 7 月)
3　改造后申亚狗獾栖息地局部(2018 年 7 月)　　4　申亚狗獾栖息地中的狗獾(2018 年 8 月)

彩色图版 10　崇明区明珠湖獐种群恢复与野放和
栖息地改造效果

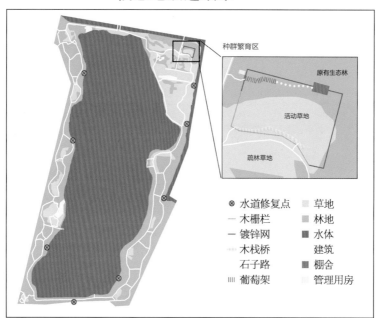

	水道修复点		草地
—	木栅栏		林地
—	镀锌网		水体
	木栈桥		建筑
	石子路		棚舍
|||	葡萄架		管理用房

1	
2	3
4	5

1　明珠湖獐种群恢复栖息地改造总体规划　　2　改造后明珠湖獐种群繁育区侧视(2018 年 8 月)
3　改造后明珠湖獐栖息地东北角俯视(2018 年 8 月)　　4　改造后明珠湖水源地(2018 年 8 月)
5　改造后明珠湖西南角景观(2018 年 11 月)

彩色图版 11　松江区新浜獐种群恢复与野放和
栖息地改造效果

1　新浜獐种群恢复栖息地改造总体规划　　2　新浜林地林相及在林下活动的獐(2014 年 3 月)

3　改造后新浜獐栖息地 A 区(图左)和 B 区(图右)(2018 年 8 月)

4　改造后新浜獐栖息地北部景观(2018 年 8 月)　　5　改造后新浜獐栖息地南部景观(2018 年 8 月)

**彩色图版 12　崇明区东滩湿地公园扬子鳄种群恢复与
野放和栖息地改造效果**

1	
2	3
4	5

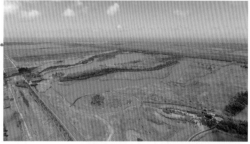

1　东滩湿地公园扬子鳄种群恢复栖息地改造总体规划
2　改造后的东滩湿地公园扬子鳄栖息地的晒背石分布（2018 年 7 月）
3　改造后的东滩湿地公园扬子鳄栖息地东部近景（2018 年 7 月）
4　改造后的东滩湿地公园扬子鳄栖息地远景（2018 年 9 月）
5　东滩湿地公园扬子鳄宣传展示厅